U0272438

动物源性产品质量安全
检测实用指南

方　芳　　孙志文　　魏紫嫣　主编

中国农业科学技术出版社

图书在版编目（CIP）数据

动物源性产品质量安全检测实用指南／方芳，孙志文，魏紫嫣主编. --北京：中国农业科学技术出版社，2024.1

ISBN 978-7-5116-6581-2

Ⅰ.①动… Ⅱ.①方…②孙…③魏… Ⅲ.①动物性食品-食品安全-食品检验-指南 Ⅳ.①S859.84-62

中国国家版本馆 CIP 数据核字（2023）第 241234 号

责任编辑	张国锋
责任校对	贾若妍　李向荣
责任印制	姜义伟　王思文

出 版 者	中国农业科学技术出版社
	北京市中关村南大街 12 号　　邮编：100081
电　　话	（010）82109705（编辑室）　　（010）82109702（发行部）
	（010）82109709（读者服务部）
网　　址	https://castp.caas.cn
经 销 者	各地新华书店
印 刷 者	北京建宏印刷有限公司
开　　本	148 mm×210 mm　1/32
印　　张	2.625
字　　数	60 千字
版　　次	2024 年 1 月第 1 版　2024 年 1 月第 1 次印刷
定　　价	30.00 元

《动物源性产品质量安全检测实用指南》

编委会名单

主　编：方　芳　　孙志文　　魏紫嫣

副主编：张晶晶　　怀文辉　　赵　营　　倪香艳

　　　　王乐宜　　赵雅妮　　李文辉

编　者：(按姓氏笔画排列)

　　　　王乐宜　　方　芳　　孙志文　　李　甜

　　　　李文辉　　怀文辉　　张晶晶　　赵　营

　　　　赵雅妮　　倪香艳　　鲍　捷　　魏紫嫣

前　言

　　动物源性产品是指从动物身上获得的各种物质，包括肉类、乳制品、蛋类、海鲜、蜂产品等。这些产品在人类的日常生活中扮演着重要的角色，不仅为人类提供丰富的食物，还被广泛应用于食品、医药、化妆品等领域。随着我国国民经济水平及人民生活水平的大幅提高，动物源性食品在我国城乡居民的日常膳食消费中所占比例逐年增长，同时消费者对动物源性食品的质量安全越来越关注。世界卫生组织（WHO）将食品安全看作是一个世界性的挑战，将动物源性食品安全列为全球公共卫生领域的重要工作。当下的动物源性食品安全问题已经远远超出了传统的食品卫生或食品污染的范围，它不仅关系到畜牧业的发展，还影响到国民身体素质的提高，已成为维持人类生存和保证人类发展的整个食物链的管理与保护问题。

　　为满足广大基层单位开展动物源性产品质量安全检测工作的实际需要，进一步提高实际检测技术水平，北京市农产品质量安全中心组织编写了这本《动物源性产品质量安全检测实用指南》。本书立足于基层农产品质量安全检测机构，动物及动物产品养殖、屠宰、销售等机构检测技术人员的实际需求，依据相关最新国家标准资料，结合多年开展动物源性产品质量安全检测和基层培训经验，重点就动物源性产品中兽药残留现状、防控对策及建议、检测技术及方法等进行了系统介绍，内容紧密结合基层检测工作实际需要，既可以作为开展动物源性产品质量安全检测技术培训的参考教材，也可以作为相关人员开展检测技术工作的实操手册。本书文字通俗易懂，言简意赅，实用性和技术性较强。

由于时间仓促，加之编者水平有限，本书在编写过程中难免有疏漏之处，敬请广大读者批评指正。

编　者

2023 年 11 月

目 录

第一章

动物源性产品中兽药残留现状

第一节 兽药残留的定义

兽药（Veterinary Drug）是指用于预防、治疗、诊断动物疾病或者有目的地调节动物生理机能的物质（含药物饲料添加剂）。

主要包括血清制品、疫苗、诊断制品、微生态制品、中药材、中成药、化学药品、抗生素、生化药品、放射性药品及外用杀虫剂、消毒剂等。兽药在我国包括用于家禽、家畜、宠物、野生动物、水产动物和蚕、蜂等的各种药物。它包括广谱抗生素、抗寄生虫药物、激素类药物、禁用药物等，与人类药物相比，兽药的研发、注册和使用受到兽医学和养殖业特定要求和监管，兽药的开发和使用是为了维护动物的健康、促进生长、提高生产效率以及确保养殖环境的卫生安全。

兽药残留（Veterinary Drug Residue）指食品动物用药后，动物产品的任何可食用部分中所有与药物有关的物质的残留，包括药物原形或/和其代谢产物。动物在使用药物以后，药物以原型或代谢产物的方式通过粪便、尿液等排泄物进入生态环境，造成环境土壤、表层水体、植物和动物等的兽药蓄积或残留即兽药在生态环境中的残留，也属于兽药残留的范畴。即使在动物的合理用药范围内，兽药残留物也可能存在于食品中。然而，当兽药残留超过食品安全标准或使用未经批准兽药时，可能会对人类健康造成潜在风险。兽药残留是影响食品质量安全的重要因素，制定兽药最大残留限量标准是国际组织和各国政府加强兽药残留风险管理的重要技术手段。

总残留（Total Residue）指对食品动物用药后，动物产品的任何可食用部分中药物原形或/和其所有代谢产物的总和。

最大残留限量（Maximum Residue Limit，MRL）对食品动物用药后，允许存在于食物表面或内部的该兽药残留的最高量/浓度（以鲜重计，表示为 $\mu g/kg$）。

残留标志物（Marker Residue）动物用药后在靶组织中与总残留物有明确相关性的残留物。可以是药物原形，相关代谢物，也可以是原形与代谢物的加和，或者是可转为单一衍生物或药物分子片段的残留物总量。

动物性食品（Animal Derived Food）指供人食用的动物组织以及蛋、奶和蜂蜜等初级动物性产品。

兽药种类繁多，分类方式不一。国际食品添加联合专家委员会（JECFA）于 1987 年第 32 次会议报告了有关兽药残留的毒性评价，将目前残留毒理意义上比较重要的兽药按用途分为 7 类，分别为抗微生物类、驱肠虫类、生长促进剂类、抗原虫类、抗锥虫类、镇静剂类和 β-肾上腺素受体阻断剂类等。其中抗生素类属于抗微生物药物，是最主要的兽药添加剂和兽药残留，约占药物添加剂的 60%。

第二节 兽药最大残留限量修订历程

我国兽药最大残留限量标准的制定始于 20 世纪 90 年代，为应对出口贸易受阻，1994 年首版《动物源性食品中兽药的最高残留限量（试行）》发布，规定了 43 种兽药残留限量，其后进行了多次修订。1997 年版兽药品种数量增加至 47 种，并增加了名词定义内容，技术指标中增加残留标志物。1999 年版兽药品种数量大幅增加，并增加了氯霉素、呋喃唑酮等 12 种药物的 0 限量规定。2002 年版对标准的体例、格式等作了较大的改动。兽药品种按需要定制残留限量、豁免制定残留限量、允许治疗用但不得检出和禁止用于食品动物共四类分类进行规定，均以农业农村部文件发布实施。2009 年《中华人民共和国食品安全法》实施，兽药残留限量标准属强制性食品安全国家标准，由农业部具体负责标准修订、由农业部和卫生部等联合发布。

我国农业农村部、国家卫生健康委员会和国家市场监督管理总局联合发布的《食品安全国家标准 食品中兽药最大残留限量》（GB 31650—2019、GB 31650.1—2022）中共对 283 种/类兽药在动物性食品中的残留做出规定，占我国批准用于食品动物兽药（化学药品活性成分）数量的 90% 以上，基本覆盖已批准使用的兽药品种和主要动物性食品。我国兽药限量标准中的兽药品种数量和限量标准数量远高于国际食品法典委员会（CAC）的兽药残留限量标准。

GB 31650—2019 按照风险级别对药物做出了分类规定，其中豁免制定限量标准的兽药共 154 种，需制定最大残留限量的兽药 120 种/类，含限量值共 2 615 项，允许治疗使用在动物性食品中不得检出的兽药 9 种，完善了关键技术参数如残留标志物、ADI、中英文名称和限量值等，标准指标与国际标准全面接轨，标志着我国兽药残留标准体系建设进入新的阶段，保障了动物性食品安全，促进了养殖业健康发展，解决了监管环节的难题。

第三节　兽药残留的危害

一、急性与慢性中毒

兽药残留的毒性作用大多是通过长期接触或逐渐在体内蓄积而造成的，畜禽产品中兽药残留的浓度通常较低，一般表现为潜在的慢性中毒，如 2008 年三鹿奶粉事件中的三聚氰胺对泌尿系统的结石危害；氨基糖苷类药物如链霉素族、卡那霉素族、新霉素族、庆大霉素等对耳前庭和耳蜗神经的损害和肾脏毒性；磺胺类药物对泌尿系统的损害和颗粒性白细胞缺乏症；氯霉素导致严重的再生障碍性贫血和白血病，导致婴幼儿出现致命的"灰婴综合征"；多肽类如多黏菌素类（多黏菌素 B、多黏菌素 E）、杆菌肽类（杆菌肽、短杆菌肽）和万古霉素对神经系统的毒性和肾脏毒性；硝基呋喃类药如呋喃妥因、呋喃唑酮、呋喃西林等对新生儿或先天缺少血球保护酶者的溶血性贫血毒害；四环素类药物如金霉素、土霉素、四环素、强力霉素对骨骼和牙齿发育的毒害，引起牙齿釉质变黄（俗称四环素牙）和发育不全；多烯类如制霉菌素、两性霉素 B 对心肌的损害等。急性中毒一般是食用了个别特别高浓度的兽药残留组织如兽药注射部位的畜禽组织或易导致急性中毒的部分兽药，如"瘦肉精"盐酸克仑特罗。盐酸克仑特罗急性中毒症状表现为心悸，面颈、四肢肌肉颤动，有手抖甚至不能站立，头晕，乏力，严重的还有生命危险。

动物性食品中残留的兽药浓度较低，加上人们食用数量有限，并不引起急性毒性。但是残留严重超标的可引起食物中毒。我国广东、浙江、上海等地和世界其他地区就发生过多起由于摄入饲喂过盐酸克仑特罗（瘦肉精）并在组织中有较高残留的猪产品而发生人体急性中毒的事件，主要表现为人体肌肉震颤、头疼、心动过速和肌肉疼痛等。

二、过敏反应和变态反应

经常食用含有低剂量抗菌药物的食品可能导致易感个体出现过敏反应。当这些抗菌药物残留于动物性食品中进入人体后，使部分人群产生抗体，当这些残留被致敏的个体再接触时，这些药物就会与抗体结合生成抗原抗体复合物，发生过敏反应。这些药物包括青霉素、四环素、磺胺类药物以及某些氨基糖苷类抗生素等，它们具有抗原性，会刺激机体内抗生素抗体的产生，从而引发过敏反应。严重情况下，可能会导致休克、喉头水肿、呼吸困难等严重症状。另外，呋喃类药物也可能引起胃肠反应和过敏反应，表现为周围神经炎和嗜酸性红细胞增多等过敏反应。磺胺类药物的过敏反应表现为皮炎、白细胞减少、溶血性贫血和药物热。青霉素药物引起的变态反应轻者可能表现为接触性皮炎和皮肤反应，严重者可能引发致命的过敏性休克。根据统计数据，对青霉素过敏的人占总人群的0.7%~10%，过敏性休克的发生率为0.004%~0.015%。过敏症状多种多样，常表现为感觉不适、烦躁、心悸、颤抖、皮肤潮红发痒、耳鸣、咳嗽、打喷嚏、荨麻疹、水肿等。青霉素残留可引起过敏性休克，诱发变态反应，甚至危及生命。

三、"三致"作用

"三致"作用指致癌、致畸和致突变作用。当人们长期食用含有"三致"作用药物残留的动物性食品时，这些药物会在人体内不断积累，最终可能导致基因突变或染色体畸变，对人群造成潜在危害。其中，雌激素、硝基呋喃类和砷制剂等违禁药物被证明具有致癌作用。苯丙咪唑类抗蠕虫药也具有潜在的致突变和致畸作用，它能够抑制细胞活性。喹诺酮类药物个别品种已在真核细胞内显示出致突变作用，磺胺二甲嘧啶等一些磺胺类药物可诱发啮齿动物甲状腺增生，并有致肿瘤倾向。另外，有研究发现，一些抗生素例如四环素类、氨基糖苷类和β-内酰胺类抗生素也被怀疑具有"三致"作用。硫苯咪唑、丁苯咪唑、硫苯胺酯等药物可能对怀孕动物造成流产、胚胎死亡和各种胚胎畸形的危害；长期摄入含有雌激素的动物性食品可能引起子宫癌、乳腺癌、睾丸肿瘤和白血病等癌症病变；硝基咪唑类药物具有潜在的致突变性和致畸性；苯唑氨基甲酸甲酯对哺乳动物细胞具有致突变作用。

四、激素（样）作用

人经常食用含有低剂量激素残留的食品或者不断接触和摄

入动物体内的内源性激素会干扰人体内的激素平衡，产生一系列激素样作用。如甾体类激素（雌激素、雄激素、孕激素、糖皮质激素等）和非甾体类激素（己烯雌酚、己烷雌酚）在促进动物生长、提高饲料转化率、促进动物发情、提高受胎率等方面效果明显。如果在畜禽养殖中大量使用该类激素药物，导致其残留在畜禽组织中，特别是性激素类药物的残留，可能扰乱人体内分泌系统，引起异性化、男性的生育能力下降，导致儿童早熟和肥胖。长期摄入雄性激素会导致男性睾丸萎缩、肝肾功能障碍或肝肿瘤。女性则可能出现雄性化、月经失调、毛发增多等情况。长期摄入雌激素的男性可能出现女性化的外表，抑制骨骼和精子发育。此外，雌激素物质具有明显的致癌效应，可导致女性及其女性后代的生殖器官畸形或癌变。

五、细菌耐药性

动物反复接触某些抗菌药物，使得体内耐药菌株大量增殖，从单药耐药到多重耐药，临床效果降低，这些抗菌药残留于动物性食品中，使人长期与药物接触，使得人类疾病的治疗效果受到极大影响，且引起人兽共患病的病原菌大量增加。另外，用作畜禽促生长剂的抗菌药物，低剂量使用时也易使某些细菌产生耐药性，并且细菌的耐药基因可以与人群中细菌、动物群中细菌、生态系统中细菌互相传递，由此可导致产生耐药致病菌，如沙门氏菌、大肠杆菌。这样一旦细菌的耐药性传递给人类，就会出现用抗生素无法控制人类细菌感染性疾病的情况。据美国新闻周刊报道，仅1992年全美就有13 300名患者死于抗生素耐药性细菌感染。

诱导耐药菌株是使用亚治疗量抗微生物药物最受关注的问题，因为抗菌兽药在畜禽组织中的残留可能使人体的病原菌长期接触这些低浓度的药物，从而产生耐药性。细菌的耐药性通常位于 R-质粒上，R-质粒是一种独立于染色体之外的遗传因子，能进行自我复制，并且通过转导在细菌间进行转移和传播。

细菌的耐药性很容易遗传和扩散，具有加合性。当某种抗生素被多抗性的 R-质粒编码时，这种药物的使用会同时导致细菌对被该种 R-质粒编码的其他药物产生耐药性。同时，动物长时间地使用低浓度的抗菌药物作为促生长剂和治疗药物，将进一步增加动物产生耐药的可能性，并且在治疗上增加药物使用剂量，从而陷入兽药残留超标的恶性循环。

细菌的耐药基因不仅在动物群体中相互传递，还可以在人群中、细菌和动物之间以及生态系统中相互传递。这可能导致致病菌产生耐药性，并导致治疗人类和动物感染性疾病的失败，甚至产生"超级耐药细菌"。

人长期使用某种抗生素可能导致机体体液免疫和细胞免疫功能下降甚至失败，引起疑难病症，或者在用药过程中产生不明原因的毒副作用，给临床诊治带来困难。耐药菌株使得抗菌药物失效，同时也可能引起人体的耐药性反应。由于抗菌药物的滥用，细菌耐药性的发展速度不断加快，耐药能力也不断增强，这使得抗菌药物的使用寿命逐渐缩短。细菌耐药性产生得越快，临床对新药的需求也越迫切。

六、破坏人体胃肠菌群平衡

在正常情况下，人体的肠道内存在大量菌群，消化道内的多种微生物通常维持着共生状态的平衡。当人们长期食用含药物残留的畜禽产品时，这些药物可以抑制某些细菌的生长和繁殖，甚至使某些细菌对低浓度的抗生素产生耐受性。耐药性菌株的出现导致了益生菌的死亡，致病菌大量繁殖，这会造成菌群失调。菌群失调可能导致人体消化系统的功能异常，增加感染发病的风险，甚至引起维生素合成障碍。

七、生态环境危害

兽药残留对环境的影响程度取决于兽药对环境的释放程度及释放速度。有的抗生素在肉制品中降解速度缓慢，如链霉素加热也不会丧失活性。有的抗生素降解产物比自体的毒性更大，如四环素的溶血及肝毒作用。动物养殖生产中滥用兽药和药物添加剂可能会导致这些药物残留在动物的排泄物中，从而可能对环境造成污染。当动物摄入过量的兽药或药物添加剂时，它们的代谢产物可能会通过粪便、尿液等排泄到环境中。这些药物残留物可能会对土壤、地下水和水体等环境介质造成负面影响。它们可能会影响土壤微生物群落的平衡，干扰生态系统的正常功能，并可能进入水源，对水生生物产生毒性影响。动物产品加工的废弃物未经无害化处理就排放于自然界中，会对土壤微生物、水生生物及昆虫等造成影响，甲硝唑、喹乙醇、土霉素、泰妙菌素、泰乐菌素等抗菌药物对水环境有潜在的不良作用。阿维菌素类药物对低等水生动物、土壤中的线虫和环境中的昆虫均有较高的毒性作用，有机砷制作为添加剂大量使用后，对土壤固氮细菌、纤维素分解等均产生抑制作用，另外，有毒有害物质持续性蓄积，从而导致环境受到严重污染，最后导致对人类的危害。

八、影响食品出口贸易

兽药残留问题是严重影响动物源性食品出口贸易的重要因素之一，中国是畜禽产品生产大国，加入世界贸易组织（WTO）使我国畜禽产品在国际贸易中面临更加激烈的竞争。而药物残留往往是引发国际贸易中非贸易性技术壁垒障碍的重要因素之一，这不仅会给中国造成巨大经济损失，而且严重影响了我国食品的国际声誉。如美国以我国输美猪肉、牛肉兽药残留含量高，达不到其标准为由限制输入，从 1997 年以来，我国的猪肉、牛肉几乎不能进入美国市场。2000 年 7 月，欧盟从我国出口的虾仁中检出氯霉素。由于动物性食品中兽药残留超标，2002 年 1 月 31 日，欧盟全面禁止进口中国虾、兔和禽肉等动物性食品。氯霉素、氯羟吡啶、硝基呋喃类药物残留超标，造成我国动物性食品向欧盟、日本、韩国等国家和地区出口受限的问题多次发生。

第二章

兽药残留产生的原因

第一节　非法使用违禁药物

一些养殖户缺乏兽药知识，同时缺乏专业兽医的指导，因此在没有确定病因的情况下经常使用质次价廉和不对症的药品。当药效不明显时，他们会随意超剂量使用或频繁更换药品，同时没有有效地遵循药物治疗疗程和休药期的规定，这就导致了兽药残留的问题。目前我国的兽药开发水平相对较落后，但动物发病种类却不断增加，养殖户购买不到有效的兽药，于是就使用人用药物来替代，常导致药物残留的发生。

对于一些国家明令禁止的药物，养殖户通常是使用具有促生长效果、治疗效果尚可且价格低廉的药品。为了追求纯利润，一些养殖户不考虑危害后果，非法使用违禁药物或类似违禁药物的替代品，以逃避监管，从而导致兽药残留的发生。

我国农业农村部明文规定，不得使用不符合《兽药标签和说明书管理办法》规定的兽药产品，不得使用《食品动物禁用的兽药及其化合物清单》所列药物及未经农业农村部批准的兽药，不得使用进口国明令禁用的兽药，畜禽产品中不得检出禁用药物。但事实上，有的养殖户为了追求最大的经济效益，将禁用药物当作添加剂使用。

第二节 乱用和滥用药物

由于资金、技术、管理等多方面的限制和市场价格的激烈竞争,养殖企业大量使用廉价的劣质兽药,为了降低疫病风险,甚至滥用抗生素,包括低剂量使用、超剂量使用和长期使用等。我国当前养殖规模主要以小型为主,这些小型养殖场通常存在设施简陋、通风不畅、饲料营养失调的问题。这种养殖环境和畜禽结构非常有利于动物传染病和寄生虫病的发生和流行。为了减少病害和病死带来的损失,养殖户长期大量投入抗菌药物和各类驱虫药,导致兽药成分在动物屠宰上市前无法安全代谢排出体外。

我国现有养殖模式中存在着长期使用药物添加剂,随意使用新的或高效抗生素,超量使用抗生素等现象。主要有滥用强力霉素、红霉素、链霉素、胺苯肿酸、呋喃唑酮、卡那霉素、新霉素、磺胺类药等,如添加诺氟沙星、环丙沙星等。其后果之一是使细菌产生耐药株,致使一些本来可以治疗的动物疾病或人类疾病难以治愈;后果之二是一些抗菌药物有一定的毒性,残留后会对人体造成伤害。呋喃唑酮因为有致癌倾向,国家已禁止使用,只用作染料。此外,还存在不符合用药剂量、给药途径、用药部分和用药动物种类等用药规定以及重复使用几种商品名不同但成分相同药物的现象。

第三节 不遵循休药期规定

休药期（Withdrawal Time，WDT）是指食品动物从停止用药到许可屠宰或其产品许可上市食用的时间间隔。我国农业农村部、美国食品和药物管理局（FDA）和欧盟等机构都对兽药的使用规定了休药期，并注明了部分兽药的最高残留限量标准。然而，在养殖过程中一些养殖场不遵守休药期规定，屠宰仍在休药期内的动物，致使兽药残留超标的动物性食品进入市场。

休药期受多种因素的影响，具体表现在以下几个方面。

剂型与给药途径：剂型与给药途径会影响药物的生物利用度、分布或代谢程度，从而影响休药期。

剂量：增大剂量会使药物的生物半衰期延长。

日粮：胃肠道充盈程度和日粮成分会影响药物的吸收。

年龄：不同年龄的动物对药物的代谢能力存在差异。

性别：一般而言，雄性动物的药物代谢功能高于雌性动物。

种属：不同种属动物的代谢、排泄功能以及发育阶段都存在差异。

个体差异：代谢机能、体重等因素会导致健康个体的生物半衰期差异超过两倍。

妊娠：受性激素影响，妊娠动物的药物代谢能力下降。

疾病：疾病会影响体内药物的吸收和消除。

合并用药：合并用药可能包括抑制或诱导代谢酶活性以及与血浆蛋白竞争结合等情况。

注射部位：注射部位组织中药物滞留量较大，消除缓慢，因此食用禽类的翅根和大型动物（如牛、猪）的耳根部组织存在高残留的风险。

第四节　存在不法生产饲料和兽药的企业

畜禽产品的养殖过程离不开饲料、饲料添加剂和兽药，企业如果在生产过程中不遵守规章制度和行业准则，就会导致兽药残留危害的产生。例如，如果饲料的加工、调配或贮存不当，就会产生有毒有害物质。一些饲料生产企业受经济利益驱动，人为向饲料中添加禁用的兽药，如盐酸克仑特罗、莱克多巴胺和各种激素类添加剂。甚至有些饲料企业为了逃避监管或报批，不标示或使用自家特有秘方来欺骗养殖户和兽药监管部门，或者在饲料中添加禁用兽药的非法替代品，从而导致兽药在畜禽产品中残留。

此外，一些兽药生产企业由于常用药物的耐药性、新药开发滞后和审批程序复杂等原因，在追求经济利益的驱使下，产品中药物含量超过了标示量。或者使用劣质的兽药、禁用的兽药或相关的替代品来替代。

我国 2004 年起实施的《兽药管理条例》明确规定，标签必须写明兽药的主要成分及其含量等，但有些兽药企业为了逃避报批，在产品中添加一些化学物质，也不在标签中予以说明，使用户按说明用药却造成兽药残留超标。

第五节　其他原因

屠宰前使用兽药来掩饰有病畜禽临床症状，以逃避宰前检查，也会造成肉食畜产品中的兽药残留。这种行为是不负责任的，并且对人类健康构成潜在风险。正确的做法是在发现动物有病症时及时采取适当的医疗措施，确保畜禽健康，并遵守兽药的使用规定和休药期，以确保动物性产品的安全性。

饲料中药物添加剂的超量使用。中国的饲料及浓缩料等通常都添加了饲料药物添加剂。随着养殖方式的集约化和时间的增长，常用药物的耐药性日趋严重。如果添加量越来越高，将会带来严重的危害。因此，合理使用饲料药物添加剂，并且按照规定的用量使用，是十分重要的。这样能够保障畜禽的健康，并减少兽药残留对人体健康的潜在风险。

第三章

动物源性产品主要兽药残留风险指标

一、磺胺类及增效剂类

磺胺类药物是指具有对氨基苯磺酰胺结构的一类药物的总称，是一类用于预防和治疗细菌感染性疾病的化学治疗药物。具有抗菌谱广、性质稳定、毒性和副作用小的特点，对大多数革兰氏阳性菌和阴性菌都有较强抑制作用，在养殖业中应用广泛，磺胺类超标涉及鱼类为乌鸡、猪肉、牛肉等。

磺胺类药物一般为白色或微黄色结晶粉末，无臭，基本无味。多具有方伯胺基，长久暴露于日光下，颜色逐渐变黄。一般相当稳定，如果保存得当，可贮存数年。其分子量在 170 ~ 300。微溶于水，易溶于乙醇和丙酮，在氯仿和乙醚中几乎不溶解。除磺胺脒为碱性外，磺胺类药物因为含有伯胺基和磺酰胺基而呈酸碱两性，可溶于酸、碱溶液中。大部分磺胺类药物的 pKa 在 5~8 范围内，等电点为 3~5，少数 pKa 为 8.5~10.5。酸性较碳酸弱的磺胺类药物易吸收空气中的二氧化碳而析出沉淀。因其结构中带有苯环，各种磺胺类药物均具有紫外吸收。

磺胺类药物主要是通过干扰细菌的叶酸代谢抑制细菌的生长和繁殖，对磺胺类药物敏感的细菌无法直接利用周围环境中的叶酸生产繁殖，这些细菌只能利用对氨基苯甲酸和二氢蝶啶。在细菌体内，通过二氢叶酸合成酶的作用，这些物质被催化合成二氢叶酸，二氢叶酸再经过二氢叶酸还原酶的作用形成四氢叶酸，这一系列的反应使得细菌无法正常生长繁殖，从而达到抑制细菌的目的。

可溶性磺胺类药物经口服后可迅速吸收并通达全身。2~3h内药物在血浆中的浓度达到最大；体液中的浓度为血清浓度的50%~80%；器官和组织中，胃、肾、黏膜和肝中的浓度较高，其他器官和肌肉中的浓度仅为血清中的一半；乳汁中的药物浓度为血清中的5%~15%；骨骼和脂肪中浓度更低。

磺胺类药物在体内通过乙酰化、羟基化和结合等三种途径进行代谢。代谢周期因结构不同而差异较大。短期磺胺类药物，如磺胺异噁唑和磺胺二甲基嘧啶的半衰期小于8h，中效磺胺类药物，如磺胺嘧啶的半衰期在10h以上；长效磺胺类药物的半衰期大于30h，如磺胺邻二甲氧嘧啶的半衰期达到1周。

磺胺类药物的残留可能会导致人类过敏反应，长期暴露于磺胺类药物的人可能出现过敏反应的症状，如皮疹、呼吸困难、肠胃不适等。此外，磺胺类药物的残留可能对人体内分泌系统产生影响，磺胺类药物与人体内的激素水平存在相互作用，可能导致雄激素水平升高，影响生殖系统和性别发育。如果孕妇食用含有磺胺类药物的动物性食品，可能会导致胎儿畸形或发育异常。磺胺类药物的残留还可能对人体的肝脏和肾脏功能产生不良影响，长期摄入含有磺胺类药物的动物性食品可能导致肝脏和肾脏负担加重，进而引发相关疾病。对于肝肾功能受损的人群，如老年人和慢性病患者，磺胺类药物的残留可能会使疾病加重。磺胺类药物的 ADI 值（人体每天摄入药物残留而不引起可觉察的毒理学危害的最高量）为每千克体重 0~50μg/d。

甲氧苄啶属于二氨基嘧啶类药物，通过干扰细菌叶酸代谢产生抗菌作用。甲氧苄啶常与磺胺类药物一同使用，以达到抗菌增效的效果，所以又称为磺胺增效剂。甲氧苄啶超标涉及细类主要为乌鸡、猪肉等。甲氧苄啶的 ADI 值为每千克体重 0~4.2μg/d。长期摄入甲氧苄啶超标的食物，造成其在人体中蓄积，会产生耐药性、削弱甲氧苄啶的治疗效果，还可能引起骨髓微核抑制和其他不良反应。

《食品中兽药最大残留限量》（GB 31650—2019）规定磺胺类药物残留总量在所有食品动物及牛/羊的奶中最大限量为100μg/kg，产蛋期的动物禁用（蛋中检出为超范围使用）。需要注意的是，磺胺二甲嘧啶在牛/羊的奶中最大残留限量为25μg/kg。《食品中兽药最大残留限量》（GB 31650—2019）规定甲氧苄啶在猪、牛、家禽（产蛋期禁用）、鱼中的最大限量为50μg/kg。马中的最大限量为100μg/kg。

现行有效的动物源性产品中磺胺类药物残留检测方法为《动物性食品中磺胺类药物残留量的测定　液相色谱-串联质谱法》（GB /T 21316—2007）、《动物性食品中 13 种磺胺类药物多残留的测定　高效液相色谱法》（GB 29694—2013）、《动物性食品中四环素类、磺胺类和喹诺酮类药物残留量的测定　液相色谱-串联质谱法》（GB 31658.17—2021）、《农业部 1025 号公告-23-2008 动物源食品中磺胺类药物残留检测　液相色谱-串联质谱法》、《畜禽肉中十六种磺胺类药物残留量的测定　液相色谱-串联质谱法》（GB/T 20759—2006）、《农业部 781 号公告-12-2006 牛奶中磺胺类药物残留量的测定　液相色谱-串联质谱法》。

二、喹诺酮类

喹诺酮类药物中因具有喹诺酮的基本结构，故由此而命名。本类药物按其发明先后、结构及抗菌谱的不同，分为一代、二代、三代、四代。目前临床上使用的主要为第三代喹诺酮类抗生素，代表药物主要有诺氟沙星、氧氟沙星、左氧氟沙星、环丙沙星等。喹诺酮类药物的作用机制为抑制细菌的 DNA 旋转酶，从而影响 DNA 的正常形态与功能，阻碍 DNA 的正常复制、转录、转运与重组，从而产生快速杀菌作用。此类药物价格低廉、抗菌作用强，因而被广泛用于治疗畜禽动物的细菌感染疾病。

喹诺酮类药物均为白色或淡黄色晶型粉末，多数熔点在200℃以上（熔融伴随分解），盐类的熔点可超过300℃。游离酸形式一般易溶于稀碱、稀酸溶液和冰醋酸，在 pH 值为 6~8 的水中溶解度最小，如沙拉沙星在水中的溶解度为 0.3mg/mL；在甲醇、氯仿、乙醚等多数溶剂中难溶或不溶，如沙拉沙星在大多数有机溶剂中的溶解度低于 1mg/mL；盐形式易溶于水，但不溶于冰醋酸。

喹诺酮类药物在消化道内吸收良好，除诺氟沙星和环丙沙星口服生物利用度分别为 35% ~ 45%、50% ~ 70%，其他为80%~100%，达峰时间为 1~3h。反刍动物和马属动物口服吸收较差。抗酸药，如氢氧化铝、氢氧化镁因 Mg^{2+}、Al^{3+} 易与喹诺酮类药物形成螯合物，可降低喹诺酮类药物的吸收。非肠道途径给药的生物利用度接近 100%。

喹诺酮类药物主要经肾和胆管排泄，故尿液或胆汁药物浓度高出血浆 10~20 倍。尿液中 80% 以上为原形药物。血浆中喹诺酮类药物排泄较快，多数半衰期为 3~6h，但不同喹诺酮类药物差异较大。另外，喹诺酮类药物可以进入毛发，毛发能长时间记录用药史，深色毛发中药物浓度较高。组织中喹诺酮类药物残留物主要是原形药物，故一般选择原形药物作示踪残留。多数代谢产物代谢较快，如脱甲基产物可能主要存在于排泄物中。一些喹诺酮类药物的代谢产物，如甲基单诺沙星、脱乙基恩诺沙星（即环丙沙星）仍具有较强的生物活性，应列入总残留物。恩诺沙星的标示残留物为恩诺沙星及其主要代谢物环丙沙星。肝、肾组织中喹诺酮类药物残留物浓度最高，其次是肌肉和有脂肪附着的皮肤组织，脂肪和血浆中最低。一些组织残留物排泄较慢，沙拉沙星、恩诺沙星、单诺沙星在肝、肾、皮肤组织中的半衰期一般在十几个小时以上。

临床上常用喹诺酮类药物主要有诺氟沙星、培氟沙星（甲氟哌酸）、依诺沙星（氟啶酸）、氧氟沙星（氟嗪酸）和环丙沙星（环丙氟哌酸）。近几年，又不断研制并上市多氟化喹诺酮类新品种，如洛美沙星、氟罗沙星（多氟哌酸）和二氟沙星（双氟哌酸）等。其主要特点是长效，如以上三个药物其半衰期分别达 8 h、10~12 h 和 20~25h，抗菌谱进一步扩大，增强了对 G⁺球菌和厌氧菌以及衣原体支原体的抗菌作用，以及吸收更好，组织浓度更高，不良反应更少等优点。

喹诺酮类药物是一类人畜通用的药物，因其具有抗菌谱广、抗菌活性强、与其他抗菌药物无交叉耐药性和毒副作用小等特点，被广泛应用于畜牧、水产等养殖业中，包括在鸡、鸭、鹅、猪、牛、羊、鱼、虾、蟹等的养殖中用于疾病防治。喹诺酮类药物被广泛用于人和动物疾病的治疗，由于喹诺酮类药物在动物机体组织中的残留，人食用动物组织后喹诺酮类抗生素就在人体内残留蓄积，造成人体疾病对该药物的严重耐药性。自2015 年，农药部发布禁止在食用动物中使用培氟沙星、洛美沙星、诺氟沙星和氧氟沙星 4 类氟喹诺酮类抗生素，《氟喹诺酮类抗生素　食品安全国家标准　食品中兽药最大残留限量》（GB 31650—2019）标准里规定动物肌肉组织中氟喹诺酮类药物最大残留限量为 10~500μg/kg。

现行有效的动物源性产品中喹诺酮类药物残留检测方法有：《食品安全国家标准　动物性食品中四环素类、磺胺类和喹诺酮类药物残留量的测定　液相色谱-串联质谱法》、（GB 31658.17—2021）、《动物源性食品中 14 种喹诺酮药物残留检测方法　液相色谱-质谱/质谱法》（GB/T 21312—2007）、《动物源产品中喹诺酮类残留量的测定　液相色谱-串联质谱法》（GB/T 20366—2006）、《农业部 1025 号公告-14-2008 动物性食品中氟喹诺酮类药物残留检测　高效液相色谱法》、《农业部 781 号公告-6-2006 鸡蛋中氟喹诺酮类药物残留量的测定　高效液相色谱法》。

三、四环素类

四环素类抗生素是由放线菌产生的一类广谱抗生素，包括金霉素、土霉素、四环素及半合成衍生物甲烯土霉素、强力霉素、二甲胺基四环素等，其结构均含并四苯基本骨架。四环素类抗生素为抑菌性广谱抗生素，除革兰氏阳性、革兰氏阴性细菌外，对立克次体、衣原体、支原体、螺旋体均有作用，其作用机制主要是和 30S 核糖体亚基的末端结合，从而干扰细菌蛋白质的合成。

四环素类药物口服吸收良好，分布广泛，易在骨骼和牙齿中沉积，导致牙齿持久染色。可在肝组织中富集，造成肝损伤。由于四环素类药物结构中含有多个活性基团，与蛋白质的结合较强。主要经肾脏排泄，肾功能障碍时易出现消除半衰期延长。

在畜牧业中四环素类药物广泛作为药物添加剂，用于防治动物肠道感染和促进生长。由于四环素使用剂量过大，用药时间过长，且四环素类抗生素不容易被动物完全吸收，40%~90% 以原药或者异构体的形式随畜禽粪尿排出体外。同时四环素容易溶于水，粪便随着水进入土壤，最终进入水环境，给人类饮食和健康造成威胁。另外，低浓度的四环素残留容易诱导致病菌产生一定的耐药性，对人类和畜禽类疾病的治疗效果产生较大的影响。《食品安全国家标准食品中兽药最大残留限量》（GB 31650—2019）标准里规定了四环素类药物在动物组织中最大残留限量为 100~600μg/kg，其中蛋中最大残留限量为 200μg/kg。

现行有效的动物源性产品中四环素类药物残留检测方法有：《食品安全国家标准 动物性食品中四环素类、磺胺类和喹诺酮类药物残留量的测定 液相色谱-串联质谱法》（GB 31658.17—2021）、《食品安全国家标准 动物性食品中四环素类药物残留量的测定 高效液相色谱法》（GB 31658.6—2021）、《动物源性食品中四环素类兽药残留量检测方法 液相色谱-质谱/质谱法与高效液相色谱法》（GB/T 21317—2007）、《畜、禽肉中土霉素、四环素、金霉素残留量的测定（高效液相色谱法）》（GB/T 5009.116—2003）、《可食动物肌肉中土霉素、四环素、金霉素、强力霉素残留量的测定　液相色谱-紫外检测法》（GB/T 20764—2006）、《牛奶和奶粉中土霉素、四环素、金霉素、强力霉素残留量的测定　液相色谱-紫外检测法》（GB/T 22990—2008）、《农业部 1025 号公告-12-2008 鸡肉、猪肉中四环素类药物残留检测 液相色谱-串联质谱法》、《农业部 958 号公告-2-2007 猪鸡可食性组织中四环素类残留检测方法　高效液相色谱法》。

四、酰胺醇类

酰胺醇类药物是人工合成类抗生素，属于光谱抗生素，主要包括氯霉素、氟苯尼考和甲砜霉素，对多种革兰氏阴性和革兰氏阳性菌均有效，包括大多数厌氧菌，氟苯尼考胺是氟苯尼考的代谢物之一，是动物组织中氟苯尼考的残留标志物。氯霉素是第一种采用化学合成法生产的抗生素，氯霉素呈白色针状或长片状结晶，熔点 150.5~151.5℃，易溶于大多数有机溶剂，如醇类、丙酮、乙酸乙酯等，难溶于苯、石油醚及植物油。氯霉素饱和水溶液的 pH 值为 4.5~7.5。

氯霉素是治疗伤寒、副伤寒和沙门氏菌病的首选药物，对乳房炎也有很好的疗效。氯霉素内服吸收良好，但注射吸收较缓慢，主要滞留在局部。吸收后全身分布，并能透过血-脑和胎盘屏障。大部分氯霉素在肝中与葡萄糖醛酸结合而失活，少部分降解为芳胺。约 10%原形氯霉素经肾排泄，亦能通过乳汁分泌。肝或肾功能障碍使消除延长，易发生蓄积中毒。

氯霉素由于其价格低廉易得且具有出色的药物代谢动力学

特征和抗菌性能，曾被广泛运用于动物疾病预防和治疗，但研究表明，氯霉素对人体有血液毒性和再生障碍性贫血等副作用，因此，我国在农业农村部第 250 号公告中将氯霉素列为禁用药物，在动物性食品中不得检出。抗菌效果相当、毒副作用较小的氟苯尼考和甲砜霉素成为了氯霉素的替代物，大量用于家禽饲养过程中的疾病预防和治疗，但长期摄入会产生耐药性和免疫毒性。氯霉素可抑制骨髓造血功能，引起粒细胞及血小板生成减少，导致不可逆的再生障碍性贫血，甲砜霉素则会抑制红细胞、白细胞和血小板的生成，而氟苯尼考具有胚胎毒性。为了避免此类药物在动物源性食品中的残留给人类健康造成危害，在世界各国，该类药物的使用都受到严格的限制。《食品中兽药最大残留限量》（GB 31650—2019）和《食品安全国家标准食品中 41 种兽药最大残留限量》（GB 31650.1—2022）标准里规定了酰胺醇类在禽蛋中最大残留限量为 10μg/kg；奶中最大残留限量为 50μg/kg；其他畜禽产品中最大残留限量为 50~3 000μg/kg。

现行有效的动物源性产品中酰胺醇类药物残留检测方法有：《食品安全国家标准 牛奶中氯霉素残留量的测定 液相色谱-串联质谱法》（GB 29688—2013）、《食品安全国家标准 动物性食品中氯霉素残留量的测定 液相色谱-串联质谱法》（GB 31658.2—2021）、《动物源性食品中氯霉素类药物残留量测定》（GB/T 22338—2008）、《可食动物肌肉、肝脏和水产品中氯霉素、甲砜霉素和氟苯尼考残留量的测定 液相色谱-串联质谱法》（GB/T 20756—2006）、《肉与肉制品 氯霉素含量的测定》（GB/T 9695.32—2009）、《食品安全国家标准 动物性食品中氟苯尼考及氟苯尼考胺残留量的测定　液相色谱-串联质谱法》（GB 31658.5—2021）。

五、硝基咪唑类

硝基咪唑类药物是一类具有 5-硝基咪唑环结构的化合物，包括甲硝唑、地美硝唑、异丙硝唑、替硝唑、洛硝哒唑等。硝基咪唑类药物具有抗病毒、抗原虫活性和抗菌作用，尤其是具有很强的抗厌氧菌作用，其中甲硝唑和地美硝唑被广泛用于畜禽滴虫病、厌氧菌感染等的治疗中。甲硝唑内服吸收迅速，生物利用度为 60%~100%，在 1~2h 达到峰浓度，在血中仅少量与血浆蛋白结合，消除半衰期为 4.5h。硝基咪唑类药物具有致突变性和潜在的致癌性，被许多国家列为违禁药物。

在我国《食品中兽药最大残留限量》（GB 31650—2019）中规定甲硝唑和地美硝唑可以允许作治疗使用，而不得在动物性食品中检出。现行有效的动物源性产品中硝基咪唑类药物残留检测方法有：《动物性食品中硝基咪唑类药物残留量的测定　液相色谱-串联质谱法》（GB 31658.23—2022）、《动物源食品中硝基咪唑残留量检验方法》（GB/T 21318—2007）、《农业部 1025 号公告-22—2008 动物源食品中 4 种硝基咪唑残留检测　液相色谱-串联质谱法》。

六、β-内酰胺类

β-内酰胺类抗生素是一种种类很广的抗生素，其中包括青霉素及其衍生物、头孢菌素、单酰胺环类、碳青霉烯类和青霉烯类酶抑制剂等。β-内酰胺类抗生素系指化学结构中具有 β-内酰胺环的一大类抗生素，基本上所有在其分子结构中包括 β-内酰胺核的抗生素均属于 β-内酰胺类抗生素，它是现有的抗生素中使用最广泛的一类，包括临床最常用的青霉素与头孢菌素，以及新发展的头霉素类、硫霉素类、单环 β-内酰胺类等其他非典型 β-内酰胺类抗生素。此类抗生素具有杀菌活性强、毒性低、适应症广及临床疗效好的优点。该类药化学结构，特别是侧链的改变形成了许多不同抗菌谱和抗菌作用以及各种临床药理学特性的抗生素。天然青霉素类由青霉素发酵产生，含有青霉素 F、青霉素 G、青霉素 X、青霉素 K 和双氢 F 五种，其中以苄青霉素（青霉素 G）作用最强、产量最高。青霉素类主要用于革兰氏阳性菌，如葡萄球菌、肺炎球菌、链球菌、脑膜炎球菌、白喉杆菌、炭疽杆菌、破伤风杆菌等引起的各种感染。半合成青霉素系包括苯唑西林、氨苄西林、阿莫西林等。头孢菌素类属于广谱抗生素，临床应用的头孢菌素类均为半合成物质。杀菌力强、较青霉素类稳定、过敏反应低。头孢菌素类品种繁多，现已发展到第 4 代，典型的药物如头孢氨苄、头孢呋辛、头孢噻肟和头孢吡肟。

　　各种 β-内酰胺类抗生素的作用机制均相似，都能抑制胞壁黏肽合成酶，即青霉素结合蛋白，从而阻碍细胞壁黏肽合成，使细菌胞壁缺损，菌体膨胀裂解。除此之外，对细菌的致死效应还应包括触发细菌的自溶酶活性，缺乏自溶酶的突变株则表现出耐药性。动物无细胞壁，不受 β-内酰胺类药物的影响，因而本类药具有对细菌的选择性杀菌作用，对宿主毒性小。《食品安全国家标准　食品中兽药最大残留限量》（GB 31650—2019）标准里规定了 β-内酰胺类药物在动物组织中最大残留限量为 4～

300μg/kg，其中蛋中最大残留限量为 4μg/kg；林可胺类中的林可霉素在鸡蛋中最大残留限量为 50μg/kg，牛奶中最大残留限量为 150μg/kg，其他畜禽产品中最大残留限量为 50~1 500μg/kg。

β-内酰胺类多为有机酸性物质，但难溶于水。青霉素类和头孢菌素类游离羧基的酸性相当强，易与无机碱或有机碱成盐。临床上一般用其钾盐或钠盐，易溶于水，但难溶于有机溶剂；有机碱盐的溶解性恰好相反。

现行有效的动物源性产品中 β-内酰胺类药物残留检测方法有：《牛奶和奶粉中阿莫西林、氨苄西林、哌拉西林、青霉素 G、青霉素 V、苯唑西林、氯唑西林、萘夫西林和双氯西林残留量的测定　液相色谱-串联质谱法》（GB/T 22975—2008）、《畜禽肉中九种青霉素类药物残留量的测定　液相色谱-串联质谱法》（GB/T 20755—2006）、《农业部 958 号公告-7-2007 猪鸡可食性组织中青霉素类药物残留检测方法　高效液相色谱法》、《农业部 781 号公告-11-2006 牛奶中青霉素类药物残留量的测定　高效液相色谱法》。

七、大环内酯类和林可胺类

大环内酯类和林可胺类抗生素是由链霉菌产生的具有较强活性的抗菌药物，两者的作用部位均是细菌核糖体上 50S 亚基，林可胺类药物抑制肽链延长，干扰细菌蛋白质合成，属生长期抑菌剂；大环内酯类药物阻止肽酰基位移，从而抑制细菌蛋白质的合成。临床上主要用于治疗革兰氏阳性菌、阴性菌及支原体、衣原体等引起的细菌感染。林可胺类药物兽医临床常用的有林可霉素、克林霉素和吡利霉素；大环内酯类药物兽医临床常见的有红霉素、泰乐菌素、螺旋霉素、替米考星、竹桃霉素、吉他霉素、克拉霉素、阿奇霉素、罗红霉素和交沙霉素等。临床上大环内酯类抗生素主要用于治疗敏感菌引起的呼吸道、消化道和泌尿生殖系统感染，如肺炎、细菌性肠炎、产后感染、乳房炎等。大环内酯类抗生素还是重要的生长促进剂，作为饲料添加剂时剂量应酌减。

大环内酯类药物均为无色弱碱性化合物，分子量较高（500~900），多呈负的旋光性。易溶于酸性水溶液（成盐）和极性溶剂，如甲醇、乙腈、乙酸乙酯、氯仿、乙醚等。饱和碳氢溶剂和水中微溶。大环内酯类药物在干燥状态下相当稳定，在水溶液中稳定性差。在酸性条件下（pH 值<4）红霉素水解，升高温度能加快水解速度。碱性条件下（pH 值>9）能使内酯环开裂。大环内酯类药物在 pH 值为 6~8 的水溶液中相对稳定，此时水溶性下降，抗菌活性最高。

大环内酯类药物一般口服吸收良好，竹桃霉素吸收相对较快，交沙霉素、红霉素和北里霉素吸收较慢。应注意胃液对药物的破坏作用。大环内酯类药物在体内分布广泛，由于大环内酯类药物的弱碱性和脂溶性，其分布特点是组织/血浆比值高［（5~10）∶1］且在低 pH 值的组织特别是肺组织中浓度较高，一般肝>肺>肾>血浆，肌肉和脂肪中浓度最低。

大环内酯类抗生素和林可胺类抗生素易产生不完全的交叉耐药性，一旦对大环内酯类耐药，也对林可胺类耐药。随着该类药物在养殖业中的大量使用，残留超标引起的食品安全问题也得到重视。《食品安全国家标准　食品中兽药最大残留限量》（GB 31650—2019）和《食品安全国家标准　食品中 41 种兽药最大残留限量》（GB 31650.1—2022）标准里规定了林可胺类中的林可霉素在鸡蛋中最大残留限量为50μg/kg，牛奶中最大残留限量为 150μg/kg，其他畜禽产品中最大残留限量为 50~1 500μg/kg；吡利霉素在牛组织中最大残留限量为 100~1 000μg/kg；大环内酯类在牛奶中最大残留限量为 40~200μg/kg；大环内酯类在禽蛋中最大残留限量为 10~200μg/kg；大环内酯类在其他畜禽组织中最大残留限量为 50~2 400μg/kg。

现行有效的动物源性产品中大环内酯类和林可胺类药物残留检测方法有：《畜禽肉中林可霉素、竹桃霉素、红霉素、替米考星、泰乐菌素、克林霉素、螺旋霉素、吉它霉素、交沙霉素残留量的测定　液相色谱-串联质谱法》（GB/T 20762—2006）、《牛奶和奶粉中螺旋霉素、吡利霉素、竹桃霉素、替米卡星、红霉素、泰乐菌素残留量的测定　液相色谱-串联质谱法》（GB/T 22988—2008）、《农业部 1025 号公告-10-2008 动物性食品中替米考星残留检测　高效液相色谱法》、《农业部 958 号公告-1-2007 牛奶中替米考星残留量测定　高效液相色谱法》、《食品安全国家标准　猪、鸡可食性组织中泰万菌素和 3-乙酰泰乐菌素残留量的测定　液相色谱-串联质谱法》（GB 31613.2—2021）、《食品安全国家标准　动物性食品中林可霉素、克林霉素和大观霉素多残留的测定　气相色谱-质谱法》（GB 29685—2013）、《农业部 1163 号公告-2-2009 动物性食品中林可霉素和大观霉素残留检测　气相色谱法》。

八、阿维菌素类

阿维菌素类药物属于大环内酯类抗生素，但是不具有一般大环内酯类药物的抗菌作用，而是有很高的杀虫活性。阿维菌素和伊维菌素是本类药物的重要代表。作为一种抗寄生虫药，阿维菌素类药物化学结构新颖、作用机制独特、杀虫活性之强、杀虫谱之广，被誉为近20年来抗寄生虫药物研究的重大突破。阿维菌素类药物是目前应用最广泛的兽用驱虫药，包括爱普菌素、阿维菌素、多拉菌素、伊维菌素等品种。广泛应用于牛、羊等动物，其作用机理是干扰害虫神经生理活动，致使害虫出现麻痹而中毒死亡。

阿维菌素类药物在动物体内的代谢以及在性质上无明显差异，无论是口服、皮下注射还是肌内注射都能很快被吸收，在体内分布广泛，主要以原形随粪便排出，少量经肾脏排泄。肝组织中浓度最高且消除最慢，其次是脂肪，脑组织最低。阿维菌素和伊维菌素可经乳腺排泄，故禁止用于泌乳牛。

阿维菌素类药物虽然作用剂量小，但脂溶性较高，残留时间长。阿维菌素类药物对人体有毒害作用，中毒轻者出现头疼、呕吐等症状，严重时可危及生命、致人死亡。因阿维菌素原药的半数致死量（LD_{50}）为10ng/g，国际国内都将其列为高毒化合物，我国农业农村部也明确规定了各类食品中阿维菌素最高残留限量值。《食品安全国家标准　食品中兽药最大残留限量》（GB 31650—2019）中规定：阿维菌素在动物性组织中最大残留量为20~100μg/kg；乙酰氨基阿维菌素在动物性组织中最大残留量为20~2 000μg/kg；伊维菌素在动物性组织中最大残留量为30~100μg/kg。

现行有效的动物源性产品中阿维菌素类药物残留检测方法有：《食品安全国家标准　食品中阿维菌素残留量的测定　液相

色谱-质谱/质谱法》（GB 23200. 20—2016）、《食品安全国家标准　牛奶中阿维菌素类药物多残留的测定　高效液相色谱法》（GB 29696—2013）、《食品安全国家标准　动物性食品中阿维菌素类药物残留量的测定　高效液相色谱法和液相色谱-串联质谱法》（GB 31658. 16—2021）、《食品安全国家标准　奶及奶粉中阿维菌素类药物残留量的测定　液相色谱-串联质谱法》（GB 31659. 4—2022）、《动物源食品中阿维菌素类药物残留量的测定　液相色谱-串联质谱法》（GB/T 21320—2007）、《农业部 781 号公告-5-2006 动物源食品中阿维菌素类药物残留量的测定　高效液相色谱法》、《牛肝和牛肉中阿维菌素类药物残留量的测定　液相色谱-串联质谱法》（GB/T 20748—2006）。

九、氨基糖苷类

氨基糖苷类化合物是由两个或两个以上氨基糖通过糖苷键与氨基环醇骨架连接而成的碱性低聚糖，一些由多种链霉菌属和小单胞菌属细菌产生，一些通过化学改性半合成。氨基环醇骨架有链霉胍和脱氧链霉胺两种基本结构类型。链霉素和双氢链霉素属于前者，新霉素类（包括新霉素和巴龙霉素）和卡那霉素类（包括卡那霉素、庆大霉素、妥布霉素、西索米星和奈替米星）属于后者。氨基糖苷类是一类广谱抗菌剂和促进动物生长发育的饲料添加剂，目前新发现的氨基糖苷类化合物已超过 3 000 种，其中微生物产生的天然氨基糖苷类化合物有近 200 种，用于兽医临床使用的有十几种。氨基糖苷类化合物可作用于细菌体内的核糖体，抑制细菌蛋白质的合成，并破坏细菌细胞膜的完整性，对需氧革兰氏阴性菌、单胞菌属、葡萄球菌属及结核杆菌均有抗菌活性。氨基糖苷类化合物典型的代表药物有链霉素、双氢链霉素、新霉素、卡那霉素、庆大霉素等，常被作为兽药治疗家畜肠炎、赤皮病、白头白嘴病等。

氨基糖苷类化合物属于碱性化合物，极性高，易溶于水，能与无机酸或有机酸成盐。其硫酸盐为白色或近白色结晶性粉末，具吸湿性，易溶于水，但在多数有机溶剂中难溶。

氨基糖苷类药物水溶性好，故口服不易被吸收，一般注射给药，吸收迅速而完全。氨基糖苷类药物主要经肾排泄，血浆半衰期为 2~3h，肾组织中浓度最高。人体肾组织中庆大霉素浓度是肌内组织的 161 倍。肌内注射后氨基糖苷类药物在动物肾脏易于蓄积，如庆大霉素、新霉素在肌肉组织休药期通常小于 5d，但肾组织的休药期则需要 60~90d。肾功能不全时慎用。

耳毒性和肾脏毒性是氨基糖苷类药物共有的毒副作用。氨基糖苷类药物能选择性地损害第 8 对脑神经，导致前庭和耳蜗神经损伤，前者多见于链霉素、卡那霉素和庆大霉素，后者多见于卡那霉素、丁胺卡那霉素。肾毒性主要表现为近端肾曲管损害，出现蛋白尿、血尿、肾功能减退等。卡那霉素、紫苏霉素和庆大霉素的肾毒性较大。婴幼儿对氨基糖苷类药物敏感，氨基糖苷类药物能透过胎盘损害胎儿听觉。由于毒副作用和容易产生耐药性，链霉素族已被停用。

氨基糖苷类药物虽然具有强大的杀菌作用，但会导致人体内蛋白质合成异常，从而引发口周和手足麻木、神经性的肌肉阻滞，蛋白尿、肾小球滤过减少、氮质血症等肾脏疾病，人类长期食用其残留超标的食品将会危害人体健康。《食品安全国家标准 食品中兽药最大残留限量》（GB 31650—2019）和《食

品安全国家标准　食品中 41 种兽药最大残留限量》（GB 31650.1—2022）标准里规定了氨基糖苷类在禽蛋中最大残留限量为 10~2 000μg/kg；奶中最大残留限量为 150~1 500μg/kg；其他畜禽产品中最大残留限量为 100~9 000μg/kg。

现行有效的动物源性产品中氨基糖苷类药物残留检测方法有：《动物组织中氨基糖苷类药物残留量的测定　高效液相色谱-质谱/质谱法》（GB/T 21323—2007）、《奶粉和牛奶中链霉素、双氢链霉素和卡那霉素残留量的测定　液相色谱-串联质谱法》（GB/T 22969—2008）、《农业部 1163 号公告-7-2009 动物性食品中庆大霉素残留检测　高效液相色谱法》、《食品安全国家标准　动物性食品中林可霉素、克林霉素和大观霉素多残留的测定　气相色谱质谱法》（GB 29685—2013）、《农业部 1163 号公告-2-2009 动物性食品中林可霉素和大观霉素残留检测　气相色谱法》。

十、抗病毒类

抗病毒感染的途径很多，如直接抑制或杀灭病毒、干扰病毒吸附、阻止病毒穿入细胞、抑制病毒生物合成、抑制病毒释放或增强宿主抗病毒能力等。抗病毒药物的作用主要是通过影响病毒复制周期的某个环节而实现的。根据抗病毒药物的作用机制，可将目前的抗病毒药物分为以下几类：

（1）穿入和脱壳抑制剂：金刚烷胺、金刚乙胺、恩夫韦地、马拉韦罗；

（2）DNA 多聚酶抑制剂：阿昔洛韦、更昔洛韦、伐昔洛韦、泛昔洛韦、膦甲酸钠；

（3）逆转录酶抑制剂：核苷类——拉米夫定、齐多夫定、恩曲他滨、替诺福韦、阿德福韦酯；非核苷类——依法韦仑、奈韦拉平；

（4）蛋白质抑制剂：沙奎那韦；

（5）神经氨酸酶抑制剂：奥司他韦、扎那米韦；

（6）广谱抗病毒药：利巴韦林、干扰素。

金刚烷胺类药物包括金刚烷胺、金刚乙胺和美金刚等。他们都是金刚烷的衍生物，因其独特的笼状三环体系结构和与金刚石晶格类似的碳原子排列方式，所以得名金刚烷。金刚烷胺类药物常用来治疗人类帕金森综合征和丙型肝炎，经研究发现这类药还可以用于治疗不同畜禽动物病毒引起的疾病。在养殖中，金刚烷胺类药物常用来防治甲型流感。金刚烷胺检出的原因，可能是养殖户在饲料中违规添加，导致其在动物体内蓄积。金刚烷胺会通过食物链进入人体，在人体内蓄积而产生耐药性。

利巴韦林（Ribavirin）又名病毒唑，具有广谱抗病毒活性，对多种 DNA 和 RNA 病毒都有抑制作用，在医学上被广泛用于流感病毒、麻疹病毒、甲型肝炎、乙型脑炎、腺病毒等的治疗。该类药物易产生耐药性，对人体产生的最突出的安全性问题是溶血性贫血。在养殖行业，为了促进禽类快速生长，降低养殖风险，滥用抗生素的现象时有发生。养殖过程中违规使用人用抗病毒药物，一方面会造成耐药性的产生，给动物疫病控制带来不良后果，另一方面会导致药物残留，并通过食物链对人体健康产生危害。

2005 年农业部公告第 560 号首次将金刚烷胺和金刚乙胺等抗病毒药物列为禁用药物，不得在动物性食品中检出。现行有效的动物源性产品中金刚烷胺药物残留检测方法为《动物性食品中金刚烷胺残留量的测定 液相色谱-串联质谱法》（GB 31660.5—2019），动物源性产品中利巴韦林残留检测方法为《出口动物源食品中利巴韦林残留量的测定 液相色谱-质谱/质谱法》（SN/T 4519—2016）。

十一、硝基呋喃代谢物类

硝基呋喃类药物是一种广谱抗生素，具有硝基结构的抗菌药，对大多数的革兰氏阳性菌、革兰氏阴性菌、真菌及原虫等病原体均有杀灭作用。主要作用于微生物酶系统，抑制乙酰辅酶A，干扰微生物糖类的代谢，从而起到抑菌作用。常见药物有：呋喃唑酮、呋喃它酮、呋喃西林、呋喃妥因；硝基呋喃类药物结构中含有5元杂环，化学稳定性较差，原型药在生物体内代谢很快，但其代谢产物和蛋白质结合物比较稳定，所以通常以其代谢物为目标分析物来测定其含量。

代谢产物有：呋喃唑酮（AOZ）、呋喃西林（SEM）、呋喃妥因（AHD）和呋喃它酮（AMOZ）代谢物。硝基呋喃类是水产品常见不合格指标。呋喃唑酮代谢物和呋喃西林代谢物是常见的检出代谢物，涉及畜禽肉、淡水鱼虾、蟹等。

硝基呋喃代谢物可能会引起溶血性贫血、多发性神经炎、眼部损害和急性肝坏死，由于硝基呋喃类药物及其代谢物对人体具有毒性，存在致癌、致畸和致突变的风险，日本、欧盟和美国分别在1977年、1995年和2002年全面禁止将硝基呋喃类药物用于食源性动物。我国也先后发布相关公告，将硝基呋喃类药物列入禁用清单。2002年4月，农业农村部第193号公告将硝基呋喃类呋喃唑酮、呋喃它酮及制剂列入《食品动物禁用的兽药及其化合物清单》；2005 年 10 月，农业部第 560 号公告将呋喃妥因和呋喃西林及其盐、酯及制剂列入首批《兽药地方标准废止目录》中禁用兽药类别；2019 年 12 月，农业农村部第 250 号公告将呋喃西林、呋喃妥因、呋喃它酮、呋喃唑酮列入《食品动物禁用的兽药及其化合物清单》。但由于其低廉的价格和良好的治疗效果，仍然会被违法使用。

现行有效的动物源性产品中硝基呋喃代谢物类药物残留检测方法有：《动物源性食品中硝基呋喃类药物代谢物残留量检测方法　高效液相色谱/串联质谱法》（GB/T 21311—2007）、《猪肉、牛肉、鸡肉、猪肝和水产品中硝基呋喃类代谢物残留量的测定　液相色谱-串联质谱法》（GB/T 20752—2006）、《农业部 781 号公告-4-2006 动物源食品中硝基呋喃类代谢物残留量的测定　高效液相色谱-串联质谱法》。

十二、糖皮质激素类

糖皮质激素属类固醇激素，主要为皮质醇，具有调节糖、脂肪和蛋白质的合成及代谢的作用，并具有良好的抗免疫、抗炎、抗毒、抗休克等作用。内源性糖皮质激素包括氢化可的松和可的松。合成类糖皮质激素药物具有增重及脂肪再分配作用，因此在家畜饲养过程中存在非治疗目的的过量或非法使用现象。长期摄入糖皮质激素可造成多种不良反应，如水盐代谢紊乱、消化系统及心血管系统并发症、骨质疏松及椎骨压迫性骨折、神经精神异常等。

农业农村部组织修订了动物性食品中兽药最高残留限量，

先后发布第 193 号、第 235 号、GB 31650—2019 公告和国家标准，对动物中氢化可的松、地塞米松等激素类药物的使用情况进行规定。《食品安全国家标准　食品中兽药最大残留限量》（GB 31650—2019）和《食品安全国家标准　食品中 41 种兽药最大残留限量》（GB 31650.1—2022）标准里规定了倍他米松在牛奶中最大残留限量为 0.3μg/kg，其他畜禽产品中最大残留限量为 0.75~2μg/kg；地塞米松在牛奶中最大残留限量为 0.3μg/kg，其他畜禽产品中最大残留限量为 1.0~2.0μg/kg。可的松和氢化可的松为允许用于食品动物，但不需制定残留限量的兽药。

现行有效的动物源性产品中糖皮质激素类药物残留检测方法有：《牛奶和奶粉中地塞米松残留量的测定　液相色谱-串联质谱法》（GB/T 22978—2008）、《畜禽肉中地塞米松残留量测定　液相色谱-串联质谱法》（GB/T 20741—2006）、《农业部 958 号公告-6-2007 猪可食性组织中地塞米松残留检测方法　高效液相色谱法》、《农业部 1031 号公告-2-2008 动物源性食品中糖皮质激素类药物多残留检测　液相色谱-串联质谱法》、《牛奶和奶粉中氢化泼尼松残留量的测定　液相色谱-串联质谱法》（GB/T 22986—2008）。

十三、β-受体激动剂类

β-受体激动剂是一类能够和肾上腺素 β 受体相结合、并能够激动受体产生分泌肾上腺素样作用的药物。常用的药物有克仑特罗、多巴酚丁胺、莱克多巴胺、沙美特罗、沙丁胺醇、福莫特罗等药物，这些药物通过作用 β 受体，从而有舒张支气管的作用，常用来治疗缓解慢性阻塞性肺疾病、支气管哮喘等引起的支气管痉挛或收缩，缓解呼吸困难、胸闷气喘等病症。由于一些 β 受体激动剂类药物用量超过推荐治疗剂量的 5～10 倍时，能使多种动物（牛、羊、猪、家禽）体内营养成分由脂肪组织向肌肉组织转移，其结果是体内脂肪分解代谢增强，蛋白质合成增加，显著提高酮体的瘦肉率、增重和饲料转化率。β-受体激动剂类药物被大量非法用于畜牧生产，以促进家畜生长和改善肉质。使用最广泛的药物为克仑特罗，其次就是沙丁胺醇和马布特罗。近年来，β-受体激动剂类药物开始用于促生长，如溴布特罗、塞布特罗、塞曼特罗、马步特罗、马贲特罗、特布他林等。

β-受体激动剂类药物口服或注射均易被吸收。克仑特罗被口服后血浆浓度一般在 2～3h 达到峰值，但牛血浆的峰值时间则需 16～105h。全身分布，能够透过胎盘。主要以原形药物形式经肾排泄，排泄迅速。当连续多次或超剂量给药时，β-受体激动剂类药物在一些部位或组织，如眼组织、肺组织、有色毛发和羽毛具有显著蓄积作用。食用组织中肝、肾浓度最高，肌肉、脂肪中最低。由于眼组织中分布有大量的 β-受体，药物浓度可高出肝组织 10 倍以上。

β-受体激动剂是一类动物兴奋剂，具有促进蛋白质合成、加速脂肪分解、提高瘦肉率等作用，因而又被称为"瘦肉精"。作为饲料添加剂，应用时剂量一般都超过 5 mg/kg，使用周期也多在 3 周以上，极易导致残留。β-受体激动剂在正常的加工过程中很难被破坏、失活，蒸煮过程（100℃）对部分 β-受体激动剂不会有影响，即便在 260℃ 油炸 5 min 才让其活性损失一半。资料显示，当人体多次摄入或一次大剂量摄入（>100 μg/

kg)，会对内脏器官造成毒副作用。

我国于 1997 年 3 月开始禁止生产和使用瘦肉精。我国自 2002 年起禁止在饲料和动物饮用水中使用盐酸克仑特罗、特布他林、莱克多巴胺等"瘦肉精"类物质。但为了提高瘦肉率以获取最大的利益，仍有不法商贩在饲料中非法添加"瘦肉精"，导致"瘦肉精"中毒事件不断发生，严重威胁到广大消费者的健康。鉴于其对人体健康的危害，中华人民共和国农业农村部公告第 250 号《食品动物中禁止使用的药品及其他化合物清单》和《食品中可能违法添加的非食用物质和易滥用的食品添加剂名单（第四批）》文件都明确将 β-受体激动剂列入禁用物质名单。

现行有效的动物源性产品中 β-受体激动剂类药物残留检测方法有：《食品安全国家标准　动物性食品中 β-受体激动剂残留量的测定　液相色谱-串联质谱法》（GB 31658.22—2022）、《农业部 1025 号公告-18-2008 动物源性食品中 β-受体激动剂残留检测　液相色谱-串联质谱法》、《农业部 1031 号公告-3-2008 猪肝和猪尿中 β-受体激动剂残留检测　气相色谱-质谱法》、《动物性食品中克仑特罗残留量的测定》（GB/T 5009.192—2003）、《农业部 958 号公告-3-2007 动物源食品中莱克多巴胺残留量的测定　高效液相色谱-质谱法》。

十四、同化激素类

蛋白同化激素是一类具有强的蛋白质同化作用，可以调节机体代谢，促进细胞的生长分化，进而增强食欲、促进发情、提高饲料转化率的甾体激素。同化激素能增强体内物质沉积和改善生产性能，可以很快产生显著和直接的经济效益，因此对生产者有很大吸引力。畜牧业中使用同化激素已有 50 多年历史，与体育运动中使用违禁药物或兴奋剂的时间同样悠久。

由于它们能提高饲料转化率和瘦肉生产率，一些从业者在利益驱使下将其用作畜禽的促生长剂。在养殖业滥用普遍的主要有睾酮、甲基睾酮、黄体酮、群勃龙、勃地龙、诺龙、美雄酮、康力龙、丙酸诺龙、丙酸睾酮及苯丙酸诺龙等。

然而，滥用该类抗生素会造成其在动物组织不同程度的残留，进而引起消费者内分泌紊乱，导致儿童性早熟，甚至增加致癌、致畸等风险。早在 1988 年 1 月 1 日欧盟就发出了禁止使用促生长同化激素，我国农业部也于 1988 年 6 月 30 日发布的《兽药管理条例实施细则》中规定"不得添加激素类药品"；农业部规定在所有食品动物中禁止使用群勃龙；农业部发布的第 178 号公告明确指出不得在动物饲料和饮食中添加苯丙酸诺龙等药；农业部第 250 号公告将群勃龙、甲睾酮、美仑孕酮等同化激素列为禁用兽药；《食品安全国家标准 食品中兽药最大残留限量》（GB 31650—2019）要求苯丙酸诺龙和丙酸睾酮不得在动物性食品中检出，同时世界反兴奋剂机构发布的《禁用清单国际标准》将蛋白同化剂列为禁止使用的兴奋剂类药物。

现行有效的动物源性产品中同化激素类药物残留检测方法有：《食品安全国家标准 动物性食品中 α-群勃龙和 β-群勃龙残留量的测定 液相色谱-串联质谱法》（GB 31658.14—2021）、《牛肌肉、肝、肾中的 α-群勃龙、β-群勃龙残留量的测定 液相色谱-紫外检测法和液相色谱-串联质谱法》（GB/T 20760—2006）、《牛奶和奶粉中 α-群勃龙、β-群勃龙、19-乙

烯去甲睾酮和 epi-19-乙烯去甲睾酮残留量的测定 液相色谱-
串联质谱法》（GB/T 22976—2008）、《动物源食品中激素多残
留检测方法 液相色谱-质谱/质谱法》（GB/T 21981—2008）、
《农业部 1031 号公告-1-2008 动物源性食品中 11 种激素残留检
测 液相色谱-串联质谱法》。

十五、多肽类

多肽类抗生素是一类具有多肽结构特征的抗生素的总称，
通常含有 15~45 个氨基酸残基，并且分子量大、结构复杂，它
们中的大多数通过破坏微生物的细胞膜结构诱导微生物死亡以
实现抗菌功能，少数直接穿透细胞膜并与不同的靶点结合发挥
抗菌作用。多肽类抗生素主要有杆菌肽、黏菌素和达托霉素等。
其中黏菌素主要是通过影响敏感细菌的外膜，发生静电相互作
用以破坏外膜的完整性，导致细菌功能障碍直至死亡，其对革
兰氏阴性杆菌如大肠杆菌、铜绿假单胞菌等的抗菌活性强。杆
菌肽的作用机理主要是抑制细菌细胞壁的合成，而万古霉素则
是通过阻断细胞壁蛋白质的合成，进而使细菌死亡，二者均对
革兰氏阳性菌如金黄色葡萄球菌、链球菌等有良好的抗菌活性。

多肽类药物拥有广泛的靶标生物，在人类医学和动物医学
中被广泛使用，自 20 世纪 60 年代以来，杆菌肽和黏菌素一直
被广泛用作原料行业的抗生素和促生长剂。目前上市的多肽类
产品多是口服制剂，因其在经口给药后不能被完全吸收，大部
分多肽类产品以母体或代谢物的形式随粪便排出体外，导致其
耐药菌逐渐增多。动物生产过程中抗生素的违规使用和滥用一
方面破坏了抗菌药物和细菌耐药性之间的平衡，加快了细菌耐

药性的产生进程，这些耐药菌通过环境和食品加工环节在动物源性食品中传播，临床上的"超级细菌"和"超级耐药基因"逐渐蔓延并出现在食品中，很可能导致人类生病后无药可治。另一方面也带来了食品安全隐患，长期摄入这些动物产品，食物中残留的多肽类抗生素也会对人体产生一定的毒副作用。此外，该行为还会打破动物体内的微生态平衡，造成动物免疫力减退，累积的兽药及其代谢物被排泄到土壤和水中，也可能对农业生态系统产生生态毒性。《食品安全国家标准　食品中兽药最大残留限量》（GB 31650—2019）中规定：维吉尼亚霉素在动物性组织中最大残留量为 $100\sim400\mu g/kg$；黏菌素在动物性组织中最大残留量为 $50\sim300\mu g/kg$；杆菌肽在动物性组织中最大残留量为 $500\mu g/kg$。

多肽类抗生素分子量一般为 $500\sim2\,000$，但在多肽类化合物中属于分子量较低物质。多为白色或黄白色粉末状。弱碱性，可与强酸成盐。稳定性中等。溶液状态下遇热易分解。在干燥状态、弱酸或中性水溶液中较稳定，碱性条件下易水解开环，失去抗菌活性。游离多肽类抗生素一般易溶于甲醇等高级性溶剂和酸性水溶液，低极性溶剂和水中微溶。临床上多用无机酸盐，易溶于水。一些多肽类抗生素含有发色团，如维吉尼菌素、恩拉菌素。

现行有效的动物源性产品中多肽类药物残留检测方法有：《猪肉、猪肝和猪肾中杆菌肽残留量的测定　液相色谱-串联质谱法》（GB/T 20743—2006）、《牛奶和奶粉中杆菌肽残留量的测定　液相色谱-串联质谱法》（GB/T 22981—2008）、《食品安全国家标准　猪和家禽可食性组织中维吉尼亚霉素 M1 残留量的

测定　液相色谱–串联质谱法》（GB 31613.6—2022）。

十六、五氯酚

五氯酚及其钠盐是一种常见的易电离、难溶于水的氯代芳羟化合物，它既是高效的抗菌剂和木材防腐剂，同时也是良好的杀虫剂和除草剂。其价格低廉，曾在世界范围内广泛使用。我国 2002 年将五氯酚列入环境优先监测污染物黑名单，禁止在水生动物养殖中使用。2002 年 4 月农业部发布 193 号公告，五氯酚钠被列入《食品动物禁用的兽药及其他化合物清单》，截至 2002 年 5 月 15 日，停止经营和使用五氯酚杀螺剂的原料药及其单方、复方制剂产品，以确保动物源性食品安全。中华人民共和国农业农村部公告（第 250 号）规定，五氯酚酸钠为禁止使用的药物，在动物性食品中不得检出。

动物源性食品中检出五氯酚主要涉及水产品、畜禽肉及其副产品，包括贝类、猪肉、牛肉、猪肝、牛肉、毛肚、鸡肉、鸭肉、鸡翅、鸭翅等。检出原因可能为水产品养殖过程中加入以控制水草，消灭钉螺、蚂蟥等有害生物；也可能是畜禽养殖场圈舍消毒使用，动物吸入或接触进入体内并残留。

现行有效的动物源性产品中五氯酚药物残留检测方法有：《食品安全国家标准　动物源性食品中五氯酚残留量的测定　液相色谱–质谱法》（GB 23200.92—2016）、《食品安全国家标准　动物性食品中五氯酚钠残留量的测定　气相色谱–质谱法》（GB 29708—2013）。

十七、聚醚类药物

聚醚类抗生素是 20 世纪 50 年代发现的一类具有促进离子通过细胞膜的能力的抗生素,对常见的 6 种鸡艾美耳球虫均有抗虫活性,对第 1、2 代裂殖子和球虫子孢子均有抑制杀灭作用,并能促进动物生长发育,增加体重和提高饲料利用率,故亦可用作促生长剂,还可促进奶牛机体代谢。作为高效、广谱抗球虫药和促生长剂被广泛应用于畜禽饲养业。常见聚醚类药物有马杜霉素铵、尼日利亚菌素、拉沙洛菌素、莫能菌素、甲基盐霉素、盐霉素、海南霉素、马杜拉霉素、莱得鲁霉素、赛杜拉霉素。

聚醚类药物经口服给药,在消化道内易被机体吸收,但是聚醚类药物在各种动物胃肠道内吸收程度差异较大,反刍动物吸收 36%~40%,鸡体内吸收 11%~31%。绝大部分药物及其代谢产物经胆管排泄,最终随粪便排出体外,另一小部分随尿液和呼吸排泄。聚醚类药物在体内分布广泛,其中肝脏组织和脂肪中总残留物浓度最高,其次为肾、肌肉和血浆。一般代谢物主要存在于肝组织,原形药物则主要分布在脂肪组织。正常给药条件下,停药 0d,肝和脂肪组织中各种聚醚类药物可达 0.5~1.0mg/kg 或更高,但随后急剧下降,2~3d 降至 0.1mg/kg 以下。

大部分聚醚类抗生素属于高毒或剧毒物质,具有较强的细胞毒性,安全范围小,此类药物在饲料中过量添加会产生一系列问题,如肉鸡增重下降、鸡体水分排泄量增加、抑制生长和导致动物中毒等。另外,此类药物添加量过大还会造成兽药残留，导致机体细胞内钾离子丢失、钙离子增多，引起组织细胞，尤其是神经细胞的功能障碍，严重威胁人类健康，如莫能菌素不仅能直接对人体产生慢性毒性作用，引起细菌耐药性增强，还能间接通过环境和食物链对人体健康造成潜在危害，产生一系列的药理学反应。摄入过量的马杜霉素和莫能菌素会导致青少年横纹肌溶解，出现急性肾衰竭、肺水肿、心衰竭和死亡。应用聚醚类抗生素时应注意剂量，以防中毒及残留。

为了规范使用聚醚类抗生素，欧盟、美国和加拿大等国家还有国际组织都制定了聚醚类抗生素药物残留限量。各个国家对动物源性产品中的聚醚类抗生素药物残留限量值均小于 1.0 mg/kg。我国《食品安全国家标准　食品中兽药最大残留限量》（GB 31650—2019）中规定：莫能菌素在动物性组织中最大残留量为 2~100μg/kg；盐霉素在动物性组织中最大残留量为 600~1 800μg/kg；甲基盐霉素在动物性组织中最大残留量为 15~50μg/kg。

现行有效的动物源性产品中聚醚类药物残留检测方法有：《动物源产品中聚醚类残留量的测定》（GB/T 20364—2006）、《牛奶和奶粉中六种聚醚类抗生素残留量的测定　液相色谱-串联质谱法》（GB/T 22983—2008）、《食品安全国家标准　鸡可食性组织中抗球虫药物残留量的测定　液相色谱-串联质谱法》（GB 31613.5—2022）。

十八、苯并咪唑类药物

苯并咪唑类化合物是一类由苯环和咪唑环组成的芳香族杂环化合物，属于广谱、高效、低毒抗蠕虫兽药类药物，具有抗寄生虫、抗菌、抗病毒、抗癌和抗高血压等作用。苯并咪唑类作为抗蠕虫药，能抑制细胞活性，广泛应用于控制猪、牛、羊的消化道寄生虫病，目前应用较多的苯并咪唑类化合物主要有阿苯达唑、芬苯达唑、奥芬达唑和噻苯咪唑等。

苯并咪唑类药物为白色或黄白色结晶性粉末，多数熔点在200~300℃，熔化常伴随分解。苯并咪唑类药物基本上属于弱碱性物质，中等极性，除二甲基亚砜、N,N-二甲基甲酰胺等高极性溶剂外，在大多数有机溶剂和纯水中难溶，但溶于稀无机酸、甲酸和乙酸溶液，亦可溶解在强碱性溶液中。

除了阿苯达唑、噻苯咪唑、硫氧苯唑外，其他苯并咪唑类药物在消化道难以吸收。吸收后分布全身，组织浓度高于血浆，并在肝脏内很快被转化成多种代谢物。主要经肾脏和胆管排泄，排泄较快。多数仅在停药初期（数天内）组织中能检出原形药物，不同苯并咪唑类药物代谢转化程度存在差异，其中甲苯咪唑代谢率较低，主要以原形药物排泄。停药后期，组织、血浆和排泄物中的残留组分主要为各种代谢产物，其中肝、肾组织中浓度最高，脂肪、肌肉和血浆较低，蛋黄中残留物水平远高于蛋清。

研究表明，苯并咪唑类药物及其代谢物具有致畸和胚胎毒性作用，过量喂食苯并咪唑类药物或者在哺乳期或者母鸡产蛋期饲用，会导致牛奶、鸡蛋、组织和乳制品等食品中残留该类药物及其代谢产物，通过食物链传递进而影响人体健康，且在体内转化的代谢产物仍具有毒理作用。目前，市面上依然存在20余种苯并咪唑类药物用于禽畜及水产养殖业中杀虫驱虫使用的现象，为此我国及欧盟、美国、日本等国和地区已将苯并咪唑类药物列入限制使用的兽药目录中，并制定出苯并咪唑类药物及其代谢物在不同动物体内（包括肌肉、组织、奶等）的最高残留限量。《食品安全国家标准　食品中兽药最大残留限量》（GB 31650—2019）中规定：奥苯达唑在动物性组织中最大残留量为 100~500μg/kg；甲苯咪唑在动物性组织中最大残留量为60~400μg/kg；非班太尔/芬苯达唑/奥芬达唑在动物性组织中最大残留量为 50~1 300μg/kg；阿苯达唑在动物性组织中最大残留量为 100~5 000μg/kg。

　　现行有效的动物源性产品中苯并咪唑类药物残留检测方法有：《牛奶和奶粉中噻苯达唑、阿苯达唑、芬苯达唑、奥芬达唑、苯硫氨酯残留量的测定　液相色谱-串联质谱法》（GB/T 22972—2008）、《食品安全国家标准　动物性食品中阿苯达唑及其代谢物残留量的测定　高效液相色谱法》（GB 31658.11—2021）、《农业部 958 号公告-9-2007 动物可食性组织中阿苯达唑及其主要代谢物残留检测方法　高效液相色谱法》、《农业部1163 号公告-4-2009 动物性食品中阿苯达唑及其标示物残留检测　高效液相色谱法》。

第四章

动物源性产品中兽药残留
检测前处理方法

第一节　液-液萃取法

液-液萃取是一种经典的提取方法，其原理是根据待测残留化合物在不相溶的两种溶剂中的分配系数不同来实现分离，基本的萃取过程是将萃取溶液加入到样品溶液中，充分混合后，由于浓度差异，这些成分会从样品溶液中扩散到萃取溶液中，从而实现分离效果。常用的有机溶剂包括乙酸乙酯、苯、正己烷、氯仿、丙酮、乙腈、甲醇等。在实际应用中，需要根据待测物的种类和性质选择合适的有机溶剂。相比其他方法，液-液萃取具有操作简单、可同时处理多个样品等优点，但也存在受基质干扰大、净化效果差以及有机试剂消耗多等缺点。

双水相萃取技术是液-液萃取中的一种方法。它是将两种不同的水溶性聚合物的水溶液混合，经过一段时间，当溶液达到合适浓度时，混合体系会分为互不相溶的两个相，从而实现分离。该方法被广泛应用于前处理过程，具有渗透性好、可以与样品充分接触等优点。目前，双水相萃取技术多用于水产品中兽药残留的检测。

液-液萃取的基本步骤包括准备样品：将待检测的兽药残留样品进行适当的预处理，如研磨、加热、酸化等。加入萃取溶剂：将适量的萃取溶剂（如有机溶剂）加入样品中，并进行充分的混合与摇匀。目标物提取：由于萃取溶剂与样品中的目标物具有较高的亲和性，目标物会从样品中转移到萃取溶剂中。分离：将萃取溶液与样品中的其他组分分离，可采用离心等方法。浓缩：通常需要对萃取溶液进行浓缩，以获得更高的目标物浓度。分析检测：使用合适的分析方法（如高效液相色谱、气相色谱等）对浓缩后的样品进行定性和定量分析。液-液萃取在兽药残留检测中具有操作简便、效果明显、富集倍数高等优点，因此被广泛应用于此领域。

第二节　固相萃取法

固相萃取（SPE）是一种样品前处理方法，通过将样品固定在固相材料的固相萃取柱上，实现对样品中兽药残留物的富集和纯化。SPE可以使用多种不同的固相材料，如C18、环烷基、芳香族等，根据目标化合物的特性选择适合的固相材料。SPE操作简便，适用于大规模样品前处理。相比其他样品前处理方法，SPE具有选择性强、灵敏度高、操作简单、分离效果稳定等优点。固相萃取是一种具有快速选择性的样品制备和纯化技术，主要包括柱预处理、加样、去除干扰杂质、目的分析物的洗脱和收集等步骤。在样品加载步骤中，样品溶液经过固相萃取柱时，目标化合物被固相材料吸附，而干扰物被去除。在洗脱步骤中，使用适合的溶剂将固相材料中吸附的目标化合物洗脱，进一步提高富集效率。最后，在干燥步骤中，通过将洗脱的溶液干燥，可以得到高纯度的目标化合物。SPE 技术在兽药残留检测中得到广泛应用。然而，SPE 的富集效率和选择性受到样品基质效应、固相材料和溶剂选择等因素的影响，需要进行合理的优化和控制。此外，在大规模样品处理中，SPE的固相萃取柱容易受到污染，需要及时更换，否则可能导致分离效果下降。

固相萃取因其卓越的分离效率和净化能力而成为典型的提取方法。固相萃取的选择性基本原理类似于色谱技术，相比传统的液-液萃取方法，固相萃取可以提高分析物的回收率，更有效地将分析物与干扰成分分离，并减少样品的预处理，操作简单，节省时间和精力。固相萃取被广泛应用于从肉、牛奶、鸡蛋和蜂蜜等动物可食用组织中提取兽药。此外，固相萃取也常与液-液萃取等其他方法结合使用，以更好地富集和纯化动物源性食品中的兽药，是使用最广泛的样品前处理技术之一。同时，固相萃取的效率在很大程度上取决于所使用的吸附剂的性质，因此，合成具有高吸附能力和选择性的新型固相萃取吸附剂是研究的重点方向。固相萃取法在兽药残留检测中具有选择性好、富集效果明显、能有效去除干扰物等优点。

第三节　超临界流体萃取法

超临界流体萃取（SFE）是一种先进的样品前处理技术，其基本原理是将超临界流体（如二氧化碳）与样品接触，通过改变超临界流体的温度和压力来控制其溶解能力，从而将样品中的兽药残留物转移到超临界流体中，并通过减压等操作将超临界流体中的兽药残留物收集下来。SFE 技术的优点包括高效、快速、环保等，逐渐被广泛应用于食品中兽药残留物的检测与分析。在 SFE 技术的实际应用中，样品稳定性是一个需要关注的问题。由于样品中存在大量的水分和其他成分，这些成分可能会影响到超临界流体与兽药残留物之间的分配和提取效率。为了解决这个问题，研究人员通常采用样品的预处理和优化 SFE 的操作参数。常用的预处理方法包括减少样品中水分的含量、使用稳定剂保护样品中的兽药残留物等。此外，SFE 技术的操作参数如超临界流体的压力、温度、流量、萃取时间等也需要进行优化。通过对这些操作参数的优化和调整，可以提高 SFE 技术的兽药残留物提取效率和稳定性。另外，SFE 技术还可以与其他样品前处理技术相结合，以提高兽药残留物的提取效率和检测灵敏度。例如将 SFE 与固相萃取、超声波辅助萃取等技术相结合，可以进一步提高 SFE 技术的兽药残留物提取效率和灵敏度。总之，SFE 技术是一种高效、快速、环保的样品前处理技术，可以有效提取食品中的兽药残留物，并被广泛应用于兽药残留物的检测与分析领域。然而，在实际应用中，需要针对不同的样品和兽药残留物进行预处理和操作参数优化，以提高提取效率和稳定性，同时也需要进一步优化和改进 SFE 技术的方法和操作流程。

第四节　QuEChERS 法

QuEChERS 法于 2003 年由 Anastassiades 等开发，最初，

QuEChERS 方法是为从水果和蔬菜中回收农药残留物而开发的，但 QuEChERS 方法的有效性取决于实验室中可用的目标分析物特性、基质组成、设备和分析技术。后来由于其具有快速、简便、可同时检测多种化合物等优点，逐渐被应用于兽药残留的分析检测中。

该方法可以提取极性和非极性化合物。其分离原理与固相萃取法相同，通过吸附剂与杂质相结合将杂质去除，从而达到分离净化的目的。目前，QuEChERS 法中常用的吸附剂有十八烷基二氧化硅、乙二胺-N-丙基硅烷（PSA）、十八烷基硅烷（ODS）、氨基和石墨化碳黑（GCB）等。不同吸附剂对杂质的吸附能力不同，应根据不同食物基质和待测物的种类选择相应的吸附剂。例如十八烷基二氧化硅吸附剂可以去除基质中的脂类、蛋白质等物质；而 PSA、氨基等作为吸附剂，可以去除基质中的有机酸、糖类和脂肪酸等杂质。

第五节　基质固相分散技术

基质固相分散技术（MSPD）是一种基于固相萃取原理的样品前处理技术，其特点是使用固定相对样品进行分散，以实现对目标化合物的选择性富集和纯化。MSPD 技术使用一个含有固相材料的小颗粒（如二氧化硅、氧化铝等）来与样品混合，该固相材料具有一定的吸附能力。在样品与固相材料混合的过程中，目标化合物会与固相发生相互作用，被固相高度富集，而非目标化合物则不被富集，从而实现样品中目标化合物的分离和净化。MSPD 技术具有选择性强、易操作、不需大量有机溶剂等优点，适用于多种样品类型和目标化合物的富集。在实际应用中，需要根据不同的样品和目标化合物的特性选择合适的固相材料，并对操作参数进行优化，如样品粒度、固相材料量、混合时间等，以提高富集效果和减少干扰物的影响。MSPD技术已经成功应用于食品、环境和生物样品等领域的目标化合物的分析和检测，为样品前处理提供了一种方便快捷的选择。

　　MSPD 的操作流程相对简单，通常包括样品处理、样品分散、洗涤和洗脱四个步骤。在 MSPD 中，样品通常先进行样品制备，以便适应后续的处理步骤。常见的样品制备方法包括机械粉碎、超声波萃取、振荡萃取等。然后将样品加入到一定量的固定相中，如硅胶、C18 等，样品与固相混合均匀后，将其转移至一个小管中，称为分散柱。随后，使用一系列的洗涤溶液，去除干扰物和纯化目标化合物，这些洗涤溶液的选择要根据分析目标的特点来确定。最后，用溶剂洗脱并进一步净化目标化合物。一般来说，洗脱过程需要在较低的流速下进行，以确保目标化合物能够从固相上彻底洗脱。此外，洗脱溶剂的选择也要根据目标化合物的性质来确定，通常使用乙腈、丙酮等极性溶剂。最终，将洗脱液进一步浓缩和净化，使其适合于后续的分析技术。与其他样品前处理技术相比，MSPD 具有高效、灵敏、简便、低成本等优点。MSPD 的操作相对简单，不需要昂贵的仪器和操作技能，可以用于大规模的样品前处理。此外，MSPD 还具有较高的样品处理效率和富集度，以及良好的选择性和重现性。然而，MSPD 在样品的复杂性和矩阵效应方面存在一些限制，需要根据实际情况进行优化。由于样品基质的影响，可能会导致目标化合物与其他物质的相互作用，从而影响富集效果和分析结果的准确性。

第六节　固相微萃取法

固相微萃取法是一种基于液-固吸附平衡、无溶剂且对环境友好的前处理方法。该方法将萃取、富集、洗脱和进样集成于一体，相较于传统固相萃取技术进一步减少了溶剂的使用量，并在较高水平上提高了灵敏度。固相微萃取具有节约时间、样品量需求少、灵敏度高等优点。然而，固相微萃取也存在一些限制，如萃取涂层使用次数有限的问题。

第七节　磁性固相萃取法

磁性固相萃取技术（MSPE）是在液-固相色谱理论的基础上展开研究，以磁性或可磁化的材料作为吸附剂的一种分散固相萃取技术。磁性固相萃取的吸附剂不需要像传统的固相萃取法那样被装入萃取柱，在萃取容器外施加磁力，不需要离心或过滤，很快实现相分离，这也使得样品制备简单易操作。在MSPE中，将磁性材料置于含有分析物的溶液或悬浮液中，此时，磁性吸附剂与分析物的直接接触会导致固体表面的选择性吸附，故通过使用位于提取容器外的外部磁场（磁铁），可实现目标物与溶液或悬浮液的分离。此过程中不需要对样品进行离心或过滤，因此极大程度地减少了提取过程的持续时间。使用合适的溶剂还可以更好地使分析物从吸附剂表面解吸，从而实现目标分析物与样品基质之间的分离，以便于分析物的定量检测。这一技术使样品前处理过程变得容易和方便，称得上是一种简单、绿色且高效的样品前处理方法。而且检测中有些液体样品中的目标物含量接近或低于仪器的检出限，磁性固相萃取还可作为检测前有效的预富集。

MSPE 的技术核心在于高效的功能化磁性吸附剂，磁性纳米材料在磁性固相萃取（MSPE）的研究和开发中起着关键作用，它兼备了纳米材料的优点和生物相容性等特点，制备高效的新型材料成为了一项重要研究。磁性纳米材料种类繁多，大多数磁性吸附剂通常具有经典的核壳结构，其他类型包括混合结构和掺杂的磁性材料等。值得注意的是，磁性纳米颗粒（Magnetic nano-particles，MNP）对于任何类型都是必不可少的。吸附剂的磁性部分（MNP）主要包括铁及其氧化物，即磁铁（Fe_3O_4）、磁赤铁矿（Fe_2O_3）和某些钴、镍及其氧化物。其中，磁铁（Fe_3O_4）磁性纳米粒子由于具有制备方法简便、毒性低、稳定性强、价格低廉等多种优势，受到众多研究者的青睐。除此之外，磁性纳米颗粒可以进行重复利用，故而被广泛应用到MSPE 技术当中，成为当今研究的热点。磁性纳米复合材料能在磁性固相萃取中作为吸附剂，是因其在复杂样品溶液中能实现快速萃取和分离以及其材料特性属于环境友好型。磁性纳米复合材料的结构主要由三部分组成：磁核、涂层和改性物质，铁、钴、镍及其氧化物一般是组成磁核的主要物质。铁的氧化物是最常见的，如四氧化三铁和氧化铁等，然而纯的铁氧化物由于具有磁性很容易团聚，使原有磁性消失，而且对于目标分析物的选择性相对较差。为了解决这些问题，在磁核的表面需要涂上一种合适的涂层。常用的涂层可大致分为有机涂层和无机涂层，如二氧化硅、石墨烯等属于无机物涂层，聚酰胺、壳聚糖等属于有机涂层。磁核的表面有了合适的涂层后，既可以防止氧化，也可以使磁性纳米颗粒的磁性持久性增加，同时改性物质也可以增强其吸附能力。可见，改善对目标分析物的萃取需要，对磁性材料作进一步的修饰改进，合成新型的磁性萃取材料，对于动物性产品的检测十分重要。

第八节　免疫亲和固相萃取

免疫亲和固相萃取是一种基于抗原和抗体的特异性、可逆性结合原理的前处理技术。该方法的基本过程如下：将抗体与惰性基质固相载体偶联制成免疫吸附剂，然后进行填充柱的操作。当待检样品经过免疫固相萃取柱时，抗体与目标物特异性结合，而杂质则随洗涤液流出。最后，使用合适的洗脱液将抗原从免疫亲和固相萃取柱上洗脱下来，达到净化和分离的目的。该前处理技术高效，并具有高选择性，在降低基质效应方面效果显著。由于方法具有较强的特异性，需要进一步改进以适应动物源性食品中多兽药残留的净化需求。

第九节　分子印迹技术

分子印迹技术（Molecular Imprinting Technology，MIT）是一种利用化学方法合成对目标物具有特异选择性的聚合物的过程。该技术利用模板分子的记忆，在聚合物基质中形成具有选择性位点的分子印迹聚合物（Molecularly Imprinted Polymers，MIPs）。

分子印迹技术具有灵敏度高、操作便捷、成本低、稳定性好等特点。

　　分子印迹技术利用分子印迹聚合物对模板分子进行特异性识别的前处理技术。分子印迹聚合物是一种合成材料，具有与模板分子及其类似化合物高度亲和力的特点，同时能够与模板分子形成互补的立体结构，从而可以实现特异性识别和结合模板分子。这种技术通过在聚合物中构建特定的拟合空腔和功能基团，使得分子印迹聚合物能够选择性地识别和吸附目标分子。因此，分子印迹技术在分子识别、分离纯化和化学传感等领域具有广泛的应用。

第五章

动物源性产品中兽药
残留检测技术

第一节 微生物法

微生物法是检测抗生素残留最传统的方法。其测定原理是根据抗生素对微生物的生理机能、代谢等的抑制作用，来定性或定量检测样品中抗生素残留。常用的微生物法包括纸片法（PD）、氯化三苯四氯唑法（TTC）法、杯碟法（CP）等。微生物法操作简便，样品用量少，预处理简单，在基层大规模筛选工作中具有较大的应用价值。然而微生物法易受组织中其他组分的影响，特异性较低，灵敏度也不高。

第二节 免疫分析法

免疫分析法（Immunoassay，IA）是一种利用抗原-抗体特异性反应检测各种物质（如药物、激素、蛋白质、微生物等）的方法。IA 是近几十年发展起来的新技术，主要包括放射免疫法、酶联免疫吸附法、荧光免疫测定法、固相免疫传感器、胶体金免疫层析技术、蛋白芯片等。目前应用较多的是酶联免疫吸附法（ELISA）和胶体金快速检测试纸条。相比放射免疫法，ELISA更安全、方便。固相免疫传感器仍处于起步阶段，目前文献报道较少。蛋白芯片检测系统具有并行化、微型化、集成化、自动化等特点，适用于大量样本多指标污染物的筛查检测，能够提高检测效率。此外，蛋白芯片所用试剂低毒安全，降低了对操作人员和环境的危害和污染。

一、酶联免疫吸附法

酶联免疫吸附法（Enzyme Linked Immunosorbent Assay, ELISA）是一种超微实验检测技术，基本原理是将特定的抗原抗体免疫反应与酶催化反应进行结合，并通过酶反应的放大显示初级免疫反应。这种方法可以检测抗原和抗体。

ELISA具有操作简单、方便、效率高、特异性强、检测成本低的优点，广泛用于检测动物源性食品中的兽药残留。ELISA的工作原理是在固定的试样表面附着抗原分子，然后加入特异性的抗体与抗原结合。随后，将与抗体结合的酶标记的二抗或酶标记的抗体加入体系中，使其与已结合的抗原和抗体形成免疫复合物。最后，通过加入底物，酶标记的物质在底物的作用下发生催化反应，产生可观测的信号。ELISA不仅可以定量地测定待测物质的含量，还可以确定待测物质的存在与否。它在医学诊断、生物学研究和食品安全等领域具有重要的应用价值。

二、免疫胶体金技术

免疫胶体金技术（Immune Colloidal Gold Technique, GICT）是一种新型的免疫标记技术，是以胶体金作为示踪目标物应用于抗原及抗体的检测。GICT 是一种广泛使用的免疫分析方法，具有分析时间短，肉眼可在 10min 内获得结果，以及易于执行和评估的优点。胶体金的物理性状，如颗粒大小、高电子密度、形状和颜色反应，加上结合物的免疫学及生物学的特性，因而使得 GICT 广泛地应用于细胞生物学、免疫学、病理学、组织学等领域。

第三节　色谱法

一、气相色谱法

气相色谱（Gas Chromatography，GC）是一种传统而常用的色谱技术，主要利用化合物沸点、极性和吸附性能的差异来分离混合物。为了分析动物源性食品中的兽药残留物，通常将 GC 与经典探测器相结合使用，常见的包括氮磷探测器（Nitrogen Phosphorus Detector，NPD）、电子捕获探测器（Electron Capture Detector，ECD）和质谱探测器（Mass Spectrometry Detector）。

与 NPD 和 ECD 相比，质谱或质谱/质谱检测器具有良好的恢复性、准确性和可复制性，可以用于确认假阳性结果。一般而言，GC 检测兽药需要进行衍生化反应，并且通常需要选择特定的毛细管柱来分离样本中的兽医药物，而不像液相色谱方法那样需要优化移动相。

二、液相色谱法

液相色谱（Liquid Chromatography，LC）是一种传统、常

见、高效和快速的色谱方法，常用于检测动物源性食物中的兽药残留。LC 的关键在于选择适合的色谱柱，并优化流动相的组成和洗脱梯度。LC 具有广泛的适用性，可应用于大多数兽药残留分析，并可以与不同类型的检测器结合使用，如荧光探测器（FLD）、二极管阵列探测器（DAD）、紫外线探测器（UVD）等。

　　不同类型的检测器与 LC 结合可以用于检测相同类型或不同类型的兽医药物，并且具有各自的优缺点。FLD 是高度敏感和选择性的探测器，只能检测产生荧光的化合物。DAD 和 UVD 主要用于检测含有紫外线吸收基团的兽医药物，具有高灵敏度、低噪声和广线性范围的优点。

三、离子色谱法

　　离子色谱法本质上属于新型液相色谱法，与传统液相色谱法相比，具有灵敏度高、操作简单、选择性好、可同时分析多种离子化合物等优势，在动物性产品检测中的应用日益广泛。该检测方法的主要流程是离子交换，目前常用的分离方式有高效离子交换色谱、离子对色谱、离子排斥色谱三种。离子色谱法的样品处理过程相对简单，还可同时进行多组分测定，提高检测效率，灵敏度高，可有效检出样品中含量极低的成分。离子色谱法的物质检测范围也非常广，不仅能快速高效地检测出无机阴离子、无机阳离子，也能检测出各类有机化合物。最初离子色谱法采用单一的化学抑制型电导法，随着技术逐渐成熟，出现了光化学、电化学以及多种仪器联用检测的方法，进一步提升了离子色谱法的检测能力。现在的离子色谱法既能分析检测各类离子型化合物，也能分析检测各类极性有机物，还可同时分离离子型、极性、中性化合物，展现出良好的检测能力，成为食品、环境、化工、农业等各行各业中常用的检测方法之一。

第四节　质谱法

一、气相色谱-质谱联用法

气相色谱-质谱联用法（GC-MS）结合了气相色谱和质谱的不同特性，用于鉴别样品中不同物质。其原理是将待测样本的分子电离成带电离子，并通过质谱进行分离和检测。目前，该方法主要用于检测食品中易挥发的小分子痕量化合物。

在 GC-MS 法中，MS 系统常用的离子源主要有电子轰击源（EI 源）和化学电离源（CI 源）。EI 源通过电子轰击分子来确定化合物的分子量，并通过碎片离子来推断化合物的结构，适用于正离子的检测，但不适用于负离子检测。相比之下，CI 源的碎片离子峰较少，图谱相对简单，常用于负离子的检测。常用的质谱分析器是四极杆分析器，通常能够检测的分子质量上限约为 4 000Da，分辨率约为 10^3。

GC-MS 法常用于检测食品中的农药残留、兽药残留、食品添加剂和塑化剂残留等。该方法具有灵敏度高、选择性强的特点，可以对复杂样品进行定性和定量分析，并广泛用于食品安全监测和质量控制领域。

二、液相色谱-质谱联用法

液相色谱-质谱联用法（Ultra-High-Performance Liquid Chromatography Tandem Mass Spectrometry，UPLC-MS/MS）是基于液相色谱（LC）技术发展而来的一种方法。相比于常规的 HPLC 和 UPLC 与荧光探测器（FLD）、二极管阵列探测器（DAD）和紫外线探测器（UVD）相结合，UPLC-MS/MS 结合质谱检测器可以同时检测动物源性食物中的 100 多种兽医药物。

MS 系统的离子源包括电喷雾离子源（Electron Spray Ionization，ESI）、大气压化学电离源（Atmospheric Pressure Chemical Ionization，APCI）和大气压光电离源（Atmospheric Pressure Photo-Ionization，APPI）。这些离子源可在大气压下完成样品组分的离子化，具有较高的离子化效率。目前，几乎所有的 LC-MS 联用仪都配备了 ESI 源和 APCI 源，它们适用于不同类型的化合物离子化。LC-MS 法中的 MS 系统根据质量范围和分辨率可分为低分辨质谱技术和高分辨质谱技术。

低分辨质谱技术通常采用三重四极杆分析器，用于分析中等分辨率要求的样品。高分辨质谱技术则采用磁质谱、飞行时间质谱、傅里叶变换离子回旋共振质谱和静电场轨道阱质谱等分析器，用于对样品进行高分辨率的分析。

这些不同的 MS 分析器在 LC-MS 中能提供更广泛的质谱范围和更高的分辨率，使得 LC-MS 法在各种生物、环境和化学分析中得到广泛应用。

UPLC-MS/MS 由于灵敏度和选择性高于其他检测器，目前应用最为广泛。质谱技术可以对通过色谱无法分离的物质进行定量，且具有较高的灵敏度和较宽的线性范围。UPLC-MS/MS 具有许多优点，包括高回收率、高选择性、良好的可重复性和低干扰性。此外，串联质谱的使用使得其具有更高的灵敏度，并在确认假阳性结果方面发挥重要作用。通过对样品进行分离和质谱分析，UPLC-MS/MS 可以更准确地识别和定量目标化合物，从而提供更可靠的结果。

然而质谱方法存在的最主要问题是仪器成本高且对操作人员要求极高，在多数基层食品安全检测部门使用仍然较难。同时，由于质谱仪器与许多流动相不兼容，流动相的选择也相对挑剔。

三、液相色谱-飞行时间质谱

液相色谱-飞行时间质谱（TOF-MS）作为拥有独特性能的质谱分析系统已广泛应用于食品安全领域，该技术可以高通量快速筛查食品中可能影响食品质量安全的化学物质，如食品添加剂、污染物、违法添加的非食用物质、农药残留及兽药残留等，飞行时间质谱具有扫描速度快、灵敏度高、质量范围广等特点，被广泛应用于兽药残留检测领域。从分析化学的角度叙述，对于已知化合物，质谱可以对其进行鉴定和检测；对于未知化合物，质谱可以获知其分子质量、元素组成式及推断其结构；对于复杂体系中的痕量物质，可以对其进行定量分析。TOF—MS 技术通过质荷比不同的离子在动能相同的情况下于恒定电场运动，经过相同的距离而所需的时间不同的原理，对物质成分或结构进行测定。经典的飞行时间质谱主要由离子源、圆筒式飞行管、检测器和记录系统四个部分构成。

与植物源食品中农药残留相比较，动物源食品则存在使用兽药后蓄积或存留于畜禽机体或产品（蛋奶制品及肉制品）中的原型药物或其代谢产物。随着人们对动物源食品由需求型向质量型的转变，动物源食品中的兽药残留已逐渐成为全世界关注的焦点之一。由于多种兽药可在动物源食品的养殖及生产过程中使用，从而要求检测动物源食品中兽药残留的技术从单一化合物的检测向多种不同化合物的同时定性和定量分析发展。集高灵敏度、高分辨率及精确分子量测定等优势于一身的 TOF-MS 技术，极大地提升了对动物源食品中痕量兽药残留的定性、定量能力。

质谱及色谱均有各自的优势，将两者揉合为一套分析系统，可获得最佳的分析手段。根据连接的色谱或光谱对 TOF-MS 进行分类，可将其分为液相色谱-飞行时间质谱（LC-TOF-MS）、气相色谱-飞行时间质谱（GC-TOF-MS）、全二维气相色谱-飞行时间质谱（GC×GC-TOF-MS）、电感耦合等离子体直角时间飞行质谱仪（ICP-oa-TOF-MS）等。将 LC 和 MS 进行连接，接口技术是关键。根据接口及离子化技术的不同，TOF-MS 主要可分为电喷雾离子源（ESI）和 TOF-MS 组成的 ESI-TOF-MS、大气压化学电离源（APCI）和 TOF-MS 组成的 APCI-TOF-MS、大气压光致电离源（APPI）和 TOF-MS 组成的 APPI-TOF-MS 及基质辅助激光解析（MALDI）和 TOF-MS 组成的 MALDI-TOF-MS。

四、静电场轨道阱质谱

静电场轨道阱（Orbitrap）由俄罗斯科学家 Makarov 于 1998

年根据静电场轨道阱装置发展出来的一种新型质量分析器。静电场轨道阱装置与传统意义上的离子阱不同——没有使用磁场或任何的射频电压（RF）的方式来捕获离子。离子在一个金属圆筒构成的外电极和一个中心电极共同组成的静电场作用下，在 Orbitrap 的内部绕中心电极的轨道做呈螺旋状运动，在过程中离子沿着中心电极不断做水平和垂直方向的振荡，然后该振荡被外部电极检测出并被放大，再通过快速傅里叶变换的方式获取不同质量的离子频谱，从而转换为一个准确的质荷比得到精确分子量质谱图。

在实际的检测应用中，Orbitrap 通常会通过与其他种类的质量分析器组合联用的方式进行。目前在市面上常见的商业化组合质谱有：①四极杆/静电场轨道阱高分辨质谱（Q-Exactive-Orbitrap）；②线性离子阱/静电场轨道阱高分辨质谱（LTQ-Orbitrap）。相比传统的三重四极杆串联质谱，Q-Exactive 质谱对于未知化合物的鉴定，通过全扫描及自动触发多级质谱正、负离子切换扫描模式，一次数据采集便可得到不同模式下的高分辨数据，提高了复杂样品中多种化合物的定性准确性。Orbitrap 组合质谱使用的离子源常有 ESI、APCI 两种，另外还有常温常压离子化技术，该技术简化了样品制备过程，如无须样品处理的实时直接分析电离技术（Direct Analysis in Real Time，DART）和非破坏性固体表面电喷雾解吸电离技术（Desorption Electrospray Ionization，DESI）。

在生物大分子检测中，还可以与基质辅助激光解吸质谱（Matrix-assisted Laser Desorption Ionization，MALDI）进行联用，进一步扩大 Orbitrap 技术应用范围。在应对突发事件中，

Orbitrap 质谱利用其高分辨率、高精度的特点可在无标物的情况下，对疑似检出的目标化合物进行快速定性确证，同时也适用于非目标化合物的大规模范围筛选、识别、分析及鉴定。

第五节　毛细管电泳法

毛细管电泳（Capillary Electrophoresis，CE）是一种较新型的液相分离技术，它利用毛细管作为分离通道，并以高压直流电场作为驱动力进行检测和分析。CE 具有许多优点，如高效率、低样品和缓冲剂消耗以及分离速度快，因此被认为是液相色谱（LC）方法的潜在替代技术。

CE 也是一种较好的定量分析方法，在样品量很小的时候具有较多优势。该方法分离效能高，试剂和耗材消耗少，同时能实现多物质的同时检测。

然而，CE 在样品制备能力、灵敏度和分离再现性等方面存在一定限制。这些限制包括注射量小、毛细管直径小以及由于样品成分引起的电渗透变化。由于注射量小，CE 的灵敏度相对较低。为了克服这些限制，许多研究将 CE 与一些高灵敏度的检测器结合使用，包括紫外线探测器（UVD）、二极管阵列探测器（DAD）、质谱探测器（MS）和化学发光探测器（Chemiluminescence，CL）等。

通过与高灵敏度的检测器相结合，CE 可以提高分析的灵敏度，并且在不同应用领域中发挥重要作用，包括药物分析、环境监测和食品检测等。虽然 CE 技术存在一些限制，但其独特的分离机制和快速分析能力使其成为许多研究领域的重要工具之一。

第六节　传感器技术

传感器技术（Sensor Technology）是一种用于检测和测量物理量、化学量或生物量的技术。传感器通常由感知元件、信号转换器和信号处理器组成，并能将目标量转化为可读取的信号。

随着科学技术的发展，传感器技术已经得到广泛应用。它在各个领域都有重要的作用，例如环境监测、医疗诊断、工业自动化、食品安全等。传感器可以通过感知元件对温度、湿度、压力、光强度、化学物质、生物分子等进行实时监测和测量，从而提供有关目标量的准确和可靠的信息。

传感器技术的发展使得我们能够更好地理解和掌握周围的环境和物质。它们不仅提供了实时检测和监控，还能够实现自动化控制和智能化系统。随着技术的不断发展，先进的传感器主导的检测技术已经出现，传统的色谱技术与不同的探测器结合使用，增强了分析方法的灵敏度、特异性和可靠性。传感器技术为检测动物源性食品中的兽药残留物提供了一种快速、高效和具有成本效益的方法。

但缺点是它们消耗了大量有机试剂，耗时且昂贵，不适合大量筛选样本。该技术被用作检测动物源性食品中兽药残留物的替代检测方法，包括电化学生物传感器、压电生物传感器、光学生物传感器等方法。许多研究开发的传感器分析方法不仅操作简单、速度快、成本低，并且在动物源性食品中检测兽药的特异性、灵敏度和精密度方面也有望取得令人满意的效果。

第六章

兽药残留的防控对策与建议

第一节　广泛宣传兽药残留的科普知识
　　　　和提高消费者防范意识

现在我国许多消费者和社会公众对兽药残留的产生、危害以及防治知识了解相对不足。我们应该通过科普知识宣传、技术培训、技术指导等方式，提高整个社会对兽药残留危害和相关工作的认知能力和水平。需要向兽医防治人员、养殖户、生产经营者等介绍、培训和指导科学合理使用兽药的相关知识，以提升其认识水平，确保不制售、不添加违禁、假冒伪劣的兽药。同时，加强对政府监管部门工作人员的培训，帮助他们制定科学合理的法律法规、监控计划、技术规范和管理策略。还需要向广大群众广泛宣传畜禽产品的安全知识和防范意识，促使生产者生产合格的动物性食品。

第二节　进一步加强兽药立法工作，强化
　　　　兽药和饲料企业的监管

我国已经制定和颁布了一系列关于兽药监管的法律法规和管理规范，如《中华人民共和国兽药典》《中华人民共和国食

品安全法》《中华人民共和国农产品质量安全法》《兽药管理条例》《动物性食品中最高残留限量》《允许作饲料添加剂的药物品种及使用规定》《兽药停药期规定》《中华人民共和国动物防疫法》等。然而，与发达国家相比，我们仍存在差距，与实际监控要求还存在不足。应该在现有规定的基础上，完善并制定符合我国国情的兽药管理、兽药残留等相关法规，对非法生产和使用兽药的人、饲料企业非法添加兽药和有毒有害物质的人、违法收购、屠宰和销售残留超标动物产品的人给予重罚，以确保残留监控工作有法可依。呼吁国家兽医行政管理部门尽快制定《处方药和非处方药管理办法》《兽药监督管理办法》等部门规章。

在源头进行严格监管，强化兽药和饲料企业的监管。兽药的主要来源是饲料添加和兽药生产企业，因此从兽药生产环节和饲料添加环节控制兽药品质和合理科学规范的添加非常重要。对饲料企业，应严格监管兽药违法添加的量和种类，监管药品添加的质量，监管饲料混合和调配的工艺程序、包装材料、标识、贮存、运输、销售等环节的规范性。对兽药生产企业，应严防其生产质劣的兽药，严禁生产和销售违禁药物，严格监控违禁药物相关替代品的生产和销售。要严格执行兽药 GMP 制度，加强兽药 GMP 体系的认证。同时，鼓励和政策性支持兽药企业积极开展高效、低残留的新兽药、新制剂和饲料添加剂的研发与生产。引导、鼓励和规范饲料和兽药生产企业按照 GMP、HACCP 等管理体系进行生产加工，确保饲料和兽药的质量。

第三节　强化兽药使用监管

尽快建立、推广和完善官方兽医和执业兽医制度，保证养殖企业和个人在饲养过程中能得到兽医从业人员的科学用药指导，为实行处方药制度奠定基础。加强兽药行政管理，大力提高兽药行政管理机构决策水平。根据《兽药管理条例》，加强兽药和饲料添加物的使用监管，科学指导合理用药，建立用药登记制度，严格执行用药休药期的规定，严禁使用违禁药品和相关替代品。加强养殖人员与兽医从业人员的沟通，通过兽医从业人员培训和指导养殖人员的防病、治病方法和用药技术，杜绝养殖户的药物滥用和超量不合理使用。加强标准化规模小区示范建设，推广健康和生态养殖方式，改变饲养观念，提高饲养水平。对于大型养殖企业，引导和鼓励其推行良好农业操作规范（GAP）。

第四节　强化和完善兽药残留检测体系
与标准体系建设

兽药残留检测分析技术要求高，具有高度的规范性和专业化要求。具体表现在以下几个方面。

兽药残留检测目标物的含量极低，属于痕量分析，通常是指物质中被测组分含量在百万分之一以下的分析方法。在样品中，目标物的浓度常常是微克/千克、纳克/千克甚至皮克/千克级别。

兽药残留检测分析涉及的产品种类繁多，样品基质复杂，存在众多干扰物质。畜禽产品包括肉、蛋、奶及其制品，不仅种类繁多，而且组分复杂，对于检测来说存在大量干扰物质，净化工作困难。

残留分析涉及的有毒有害目标物种类和组分较多。除了需要检测目标物的原形药物外，常常还需涉及衍生物和降解物的检测，以及同分异构体的区分等。

兽药残留分析技术具有高灵敏度、高选择性和强分离能力，线性范围宽广。主要依赖于各种现代高精密仪器的分析方法，传统的化学分析方法无法独立进行残留分析。

基于这些特点，应加强人力、物力、财力和政策投入来支持兽药残留检测工作。我国已经建立了一系列国家、部级和地方的检测机构和监管部门来执行兽药残留监控检测工作，但仍存在一些明显不足。例如质检机构仪器配备不足、内部管理不健全、技术研发不足、兽药残留快速检测技术缺乏、兽药残留基础研究不足、管理经验和技术的国际交流较少、地方机构分布不合理等。特别是地方基层机构的缺乏。在检测队伍方面，仍存在年轻化、人才梯度不合理以及缺乏优秀的质检机构管理者和高、精、尖型技术人才等问题。这些都是需要进一步完善和加强兽药残留监控检测体系的方面。

此外，完善的检测体系还离不开科学适用的标准化体系的支持。近年来，我国已经在兽药残留检测相关标准方面取得了一定的成果，但与国际发达国家相比，仍有待学习和完善。尤其是在兽药残留问题不断出现的情况下，需要下功夫加快制定或修订残留限量、药理毒理与休药期规范、饲料添加规范等标准，并认真开展标准化技术宣传与培训。建立和完善残留标准检测体系，形成以国家标准和行业标准为主体，与地方、企业标准相衔接和相配套的健全标准体系，为畜禽产品质量安全检验检测提供强有力的技术支持。

第五节 建立兽药残留长效监管机制

兽药残留监管不仅需要进行全程监管，还需要建立长效监管机制。应该开展兽药残留的基础研究工作，从理论上明确兽药残留的危害、防控措施和方法策略，加强兽药的安全评价和风险评估研究，系统掌握各种兽药的药理毒理、药代动力学、最高残留限量和休药期等方面的研究数据。基于基础研究和分析结果，科学制定残留年度或更长期的监控计划，确定制定和修订残留标准的工作，并指导兽药使用、管理政策的制定与实施。同时，准确掌握兽药使用的动态和残留的趋势，进行耐药性监测与分析。

对于监管体系、检测体系、标准体系和产品认证体系等各部门体系，应制定长期发展战略计划，明确职能分工，协调合作，确保整个监管体系长期规范高效运行。同时，长期加强与国际组织、国外实验室的信息技术交流与合作，引进国外先进的检测技术、检测标准、检测分析设备以及卓越的监管理念和质检机构的管理方法。不断加强国内兽药残留监管部门与畜牧养殖企业、畜产品加工企业、兽药生产企业之间的信息沟通和交流，及时发现问题，找出应对策略，预防问题的发生。